幸福
文化

保存食と作りおきベストレシピ

食物漬

果醬、果酒、泡菜、醃漬物、味噌，99 款天然食物保存方法

專業料理家
石原洋子・著

推薦序

做一本每一年都可以加註記的保存食食譜

過農曆年前的幾天，被附近農莊的張大姊用機車追上，在路邊停下來之後，她塞過來一份煙燻豬舌。是用鹽巴、花椒、蒜頭等等多樣材料按摩入味，醃製數天，然後以甘蔗跟小小的炭火燻製的保存食。她叮囑我稍微蒸過之後切片，要配正對時的蒜苗吃。

機車往前騎，停在教我種菜的陳阿公的菜園前，才跟陳阿公聊沒多久，手上就多了一把剛拔起來的蒜苗。阿公說：「這是本地品種，你吃吃看，回去自己洗。」

生活中幾個動人的小片段都跟食物有關。

過年那幾天，一半的蒜苗依照吩咐，斜切分配給煙燻豬舌，並加碼烈酒與炭爐。另一半的切細，配上剁碎的宜蘭風醃菜脯，另一樣季節保存食。這樣和在一起非常下飯，叫做菜脯醃（SINN）。

保存食包含了當季食材的搜集重組，過程可能是跟家人朋友一起熱鬧進行，或是自己從容的做，用時間轉化的美味，還有保存食易於分享的特質，使得保存食的味道與人事物變得更加立體。

因爲身旁都是農友，自己又有一塊菜園，所以手邊不缺當季的食材，於是我樂意搜集一堆食譜擺在手邊。這本保存食的食譜，是按季節編排的，閱讀字句，十月吃蜜柑時，會把皮留下來做果醬。11月煮草莓果醬時，廚房瀰漫著香氣。趁著冷天做味噌，並期待一年後完成時的奢侈美味，又或者覺得很麻煩，但是又決定要一鼓作氣的把栗子甘露煮做起來的心情。勾勒出石原小姐的一年應該就是被這些事豐富著。

因爲作者石原小姐是日本人，所以書中有些並不是我們手邊的食材，但當我回望自己的食品儲藏櫃，蔭鳳梨、豆腐乳、紅糟、豆豉、破布子、香油、沙茶、XO醬。想著自己一整年的吃食，七月曬豆腐乳，八月吃新米，九月挖蓮藕，收茭白筍，冷天做臘肉與菜脯，熱天吃瓜果醃蔭瓜。我想著是不是也應該跟石原小姐一樣，認認眞眞的記下筆記，拿捏鹽糖的輕重，改良步驟，不斷測試，慢慢累積起自己的保存食食譜。

我特別喜歡這本書，是經過十三年後的重新出版，這之中風味必有變化，就好像這本書也是一罐保存食一樣。

田文社社長　OVER

田文社是駐點在宜蘭的報導社，社長OVER種植稻米，以田爲文，報導農業的風、農業的水，不過報導最多的，還是四處拜訪的農友與田間生物的八卦，與社長個人太超過的種田記錄

前言

這本關於季節保存食（食物漬）的書，十三年前第一版出版時承蒙大家喜愛，讓我成爲了暢銷作家，許多讀者都人手一本。

此次趁著全新換裝出版之際，我重新審視了一下食譜的內容。

十三年是很漫長的一段時間。隨著歲月的流轉，普羅大衆、家人們以及自己本身的口味也都不一樣了。

比方說泡菜好了。在當時爲了能夠保存得更久一些，泡菜會用鹽醃漬，做的口味偏酸。然而現在大衆更喜愛微酸、清爽、味道可口的那種。我自己現在也覺得口味溫和的泡菜好吃。而且保存期限也不需要那麼長，差不多三個月吃完就行了。

這本書中的每道料理都是我們家的家常菜，我還備註了一些讓料理更美味、更省事的小提醒。許多食譜我都做了改良，讓它們變得更好吃，做起來更容易，像泡菜的口味就不再那麼地酸，醃漬的手續也更爲省事。

另外，也有一些食譜是經典而不變的。像醃酸梅和味噌就是。

當然，其實我也都一而再、再而三地試過各種配方作法。

我也曾研究過是否能減少醃酸梅的鹽分？會不會甜口的醃酸梅比較受歡迎？然

而，正如同我在書裡介紹的，15％的鹽分含量最能與梅子的味道達到平衡，做出來的醃酸梅最是美味。

聽說甜口的味噌很受歡迎，所以我也試做過。但是，近來大家喝的味噌湯大多都是一碗湯裡可以攝取到多種蔬菜，用料豐富的味噌湯。比起味噌的甜味，我覺得帶著蔬菜甘甜滋味的湯反而更好喝。

這本書裡介紹的都是經過我長時間不斷嘗試，來來回回反覆修正後才終於覺得滿意的味道。我想，說它們是「最佳食譜」也不爲過。

若能幫助大家學會如何親手製作保存食品，讓大家能好好享受每個季節的美味，豐富每天的餐桌，就是我最開心的事。

石原洋子

CONTENT

PART I

水果醃漬物和延伸料理

PART 2

蔬菜醃漬物和延伸料理

PART 3

肉類和魚類的保存食

PART 4

調味料與醬汁

時令的保存食品行事曆

收錄在本書裡的保存食品都有其適合採買的時令季節，我根據實際製作、拍攝的時間列出了一年的行事曆。地域不同或是每年節氣的差異都會影響時程，下表僅供大家參考。

1月

日式淺漬高麗菜（1～3月）

2月

蕗薹味噌（蕗薹的產季是2～3月，在下雪的國度則是4～5月）

3月

紫蘇汁（3～8月）
醃酸梅、梅酒（3～5月）
紫蘇漬（3～8月）
醬油醃蒜頭、味噌醃蒜頭（3～4月）

4月

甜醋醃蕗蕎、鹽醃蕗蕎（4～7月下旬）
小黃瓜泡菜、醃黃瓜條、醃脆瓜（4～11月）

5月

甜醋醃谷中生薑（葉薑）、甜醋醃嫩薑（5～6月）
伽羅蕗及蕗薹葉佃煮（4月底～6月）
山椒小魚、山椒佃煮（5～6月）
辣椒葉佃煮（5～7月）
藍莓果醬（5～8月）
芥末醃茄子（5～11月）
羅勒青醬（5～10月）

6月

杏桃果醬（6月末～7月中旬）
青椒佃煮（6～8月）
甜醋醃茗荷（6～10月）
葡萄汁、葡萄果醬、葡萄糖（6～1月）
檸檬蛋黃醬（6～8月）

8月

栗子甘露煮（8～10月）
糖煮蘋果、焦糖煮蘋果（8～10月）

10月

夏蜜柑皮蜜餞、蜜柑果醬（10～3月）
糖煮西洋梨（10～11月）
木梨果酒（10～11月）
蜜漬香橙、香橙果酒、冬橙胡椒、果醋醬油（10～3月）

11月

四季豆泡菜、什錦泡菜（11～5月）
冬季時蔬泡菜（11～3月）
金柑果酒（11～2月）
草莓糖漿、草莓果醬（11～4月）

12月

蘿蔔的四種醃漬品（12～3月）
青辣椒味噌／青辣椒醬油（12～6月）

整年

味噌
炒洋蔥
番茄泥
醬油醃蕈菇
醃烤鮭魚、醬油醃鮭魚卵
XO醬
鯷魚
洋酒浸果乾
魷魚鹽辛

- 蕗蕎、山椒和梅子等等都只有產季才有，要注意別錯過了季節。
- 草莓、小黃瓜和番茄、青椒、洋蔥等一整年都採買得到，但還是建議大家儘量選用在自然生長環境下採收的產季食材。
- 下列的食材沒有分產季。什綿泡菜、福神漬、香菇昆布、洋酒浸果乾、牛腱佃煮、豬肉的黑醋料理、甜味噌雞肉鬆、梅子肉鬆、田園法式凍派、鯷魚、XO醬、鮭魚。

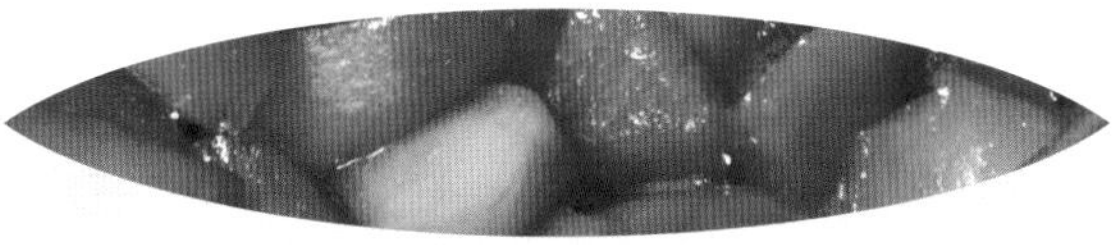

PART I

水果醃漬物和延伸料理

夏蜜柑皮蜜餞

10〜3月

利用蜜柑、橘子或是香橙等肉厚的果皮來製作蜜餞。

反覆地熬煮、放涼，花三天左右的時間煮到軟綿。雖然很費工，但沒了苦澀的柑橘味眞的是無與倫比。用來做爲配咖啡的小甜品或是佐威士忌的小菜絕對是一大享受。橘皮的苦澀也是水果蛋糕不可或缺的元素之一。

材料（方便製作的量）

蜜柑的皮……3顆的量（300克）
白砂糖……450克（皮的1.5倍）
水……2杯（剛剛沒過食材的量）

作法

1 第一天。蜜柑充份清洗乾淨。表皮有蠟的話使用熱水清洗。

2 在表皮上縱向均等地劃四刀，將皮剝下，剝下來的皮再切成四塊。

花時間慢慢將橘皮熬煮至軟綿。

3 將足量的水煮沸，放入果皮浸泡兩到三分鐘（如圖❶），然後倒在漏勺上瀝乾。這個動作重覆進行三次，以去除橘皮的苦澀。

4 在鍋裡放入果皮和$1/3$量的白砂糖（如圖❷），加入食譜份量的水煮沸，在烘焙紙上開幾個洞當成鍋中蓋放在鍋中（如圖❸）開中火熬煮二十分鐘左右。過程中若果皮露出來了就加水補足。煮好後靜置一晚。

5 第二天。在鍋中放入$1/3$量的白砂糖開中火熬煮（如圖❹），沸騰後再煮一會兒關火。然後靜置一晚。

6 第三天。把剩下的白砂糖加入，像第二天那樣熬煮。最後再煮一下（如圖❺），倒在漏勺上放涼（如圖❻）。

7 用紙巾輕輕擦乾水份（如圖❼），灑上適量的白砂糖（額外）（如圖❽）。

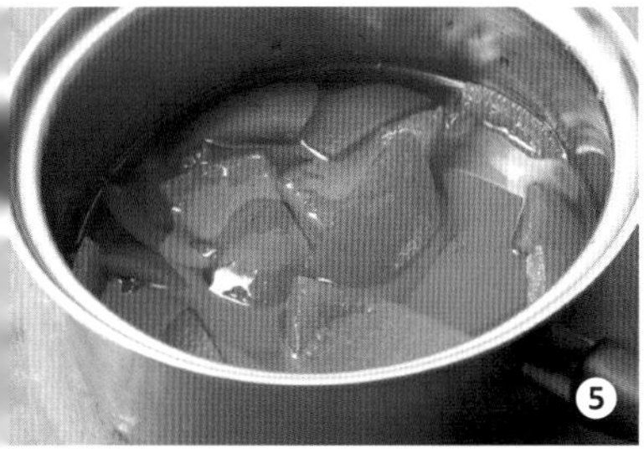

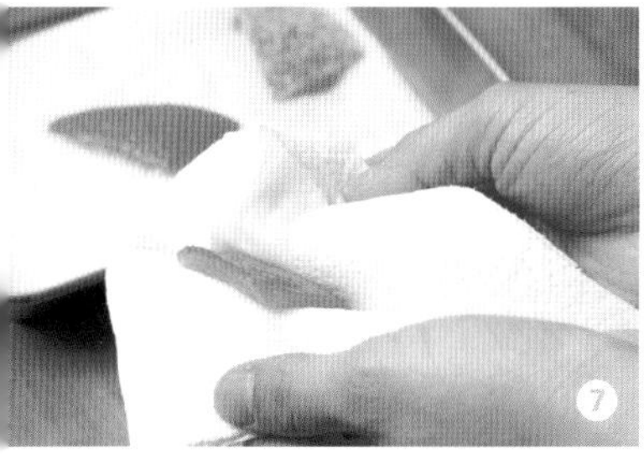

小提醒

❖裝入密閉容器內放進冰箱保存。可保存半年。

❖不論是做蜜餞或是果醬，因為果皮內側的白囊部份味道苦澀而且會使湯汁變黏稠，所以要盡量貼著皮刮乾淨。

❖將柑皮蜜餞切細，浸入隔水加熱溶解的巧克力中再使其凝固，就是高級甜點橙皮巧克力。巧克力要選用苦味巧克力。

❖編注：日本的夏蜜柑盛產約為3至5月。而台灣的柑橘類盛產時間大約從秋末10月開始，一直到隔年初春3月，幾乎大半年都可以品嚐到多汁香甜的柑橘類。

蜜柑果醬

10～3月

使用蜜柑、橘子、柑橙的皮製作而成。因爲這是用原本要丟掉的果皮做成的果醬，所以只要是做過一次的人都會說：「現在果皮都丟不下手了。」說起來，我母親每次吃蜜柑的時候都會把皮收在冰箱裡儲存。

營養價值高、可以將果皮的營養完整攝取的果醬是物美價廉的健康食品。

放進飲品或是加入優格裡就可以攝取到美味的維生素Ｃ。

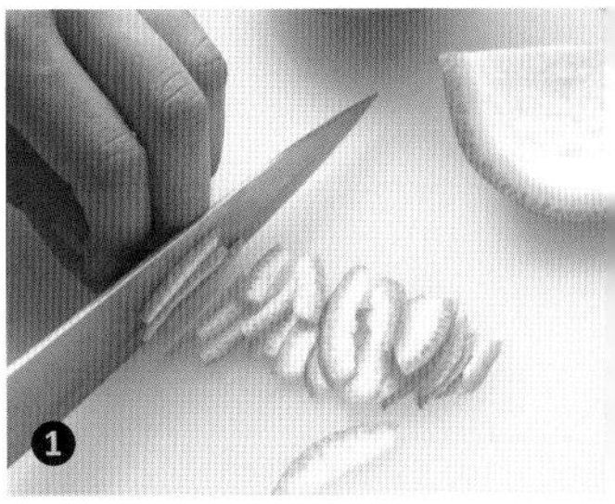
❶

❷

❸

❹

❺

材料（方便製作的量）

蜜柑的皮……3顆的量（300克）

柑橘的果肉……1顆的量（約200克）

白砂糖……500克（與皮和果肉的總重相同）

作法

1 將蜜柑像第14頁的夏蜜柑皮蜜餞作法一樣仔細清洗，在表皮上縱向均等地劃四刀，將皮剝下，再把剝下來的皮對半切成兩塊，然後切成薄片（如圖❶）。

2 在鍋中把足量的水煮沸，將皮放入後再煮沸，汆燙一分鐘左右後倒在漏勺上，把水份瀝乾（如圖❷和❸）。

3 將步驟**2**的材料放入鍋中，再加入掰散的蜜柑果肉，以及白砂糖（如圖❹），加入3杯水，開大火加熱（如圖❺）。

4 沸騰後轉至偏弱的中火，煮三十分鐘左右，過程中要不時地用木刮勺攪拌均勻（如圖❻）。當煮到剩下一半的量時果漿會顯現出光澤，且變得濃稠，這時就大功告成了。這時要趁熱把它裝進經過煮沸消毒的瓶子裡（請參考第60頁），蓋子蓋緊後將瓶身倒置放涼。

小提醒

❖放入冰箱保存，請在兩個月左右的時間內吃完。

❖剩下的果肉就拿來製作成果汁汽水吧！請將重量1/3重的白砂糖灑在果肉上，然後放入冰箱一個晚上。用它來兌冰水或是汽水喝，是夏天最棒的消暑聖品。

❻

❼

糖漿可使用三倍的水稀釋或是兌汽水飲用。

11～4月

草莓糖漿

草莓灑上砂糖，放置一段時間讓草莓的濃縮精華釋出就成了草莓糖漿。雖然也可以用加熱熬煮的方式製作，但我都是花一個禮拜的時間靜待砂糖自然溶解，然後再存放起來。

先把糖漿做好存放，夏天酷熱就能用來兌著汽水喝，或是加在刨冰裡享用。另外，也可以用來製作果凍或是雪酪（SHERBET），真是妙用無窮。

用冰鎮後的香檳兌著喝，不僅顏色亮麗還有清涼的視覺效果，在夏天用來招待客人也很受歡迎。

製作糖漿的那一個禮拜，整個房子都洋溢著草莓的香氣，每當看著美麗的粉紅色汁液慢慢變多，就讓人感覺滿滿地幸福。

材料（方便製作的量）

草莓……600克（2盒）
白砂糖……600克
檸檬汁……1~2大匙

作法

1 草莓清洗乾淨放在漏勺上將水份充份瀝乾，用木刮勺取出放進使用滾水消毒過的大碗裡。在碗裡加入白砂糖和檸檬汁，大致混合均勻。

2 在大碗碗口處蓋上乾淨的紗布，用橡皮筋固定住（如圖❶），放在陰涼處一個禮拜左右。過程中每天用乾淨的木刮勺攪拌一到兩回（如圖❷）。

3 一個禮拜過去，當白砂糖完全溶解之後用濾網再加上一層紗布將糖漿過濾出來（如圖❸）。

❖編注：日本的草莓盛產大約為4至6月。台灣的草莓產季大約是從每年11月到隔年4月中旬，1至3月為盛產期。

小提醒

❖放入冰箱保存，盡量趁著天氣炎熱的時候把它用完。

❖作完糖漿後的草莓可以加一盒新鮮草莓，並添加檸檬汁和砂糖加熱熬煮，製作成果醬。

❶

❷

❸

草莓糖漿的應用

草莓果凍

材料與作法（三至四人份）

1 將明膠粉5克泡在2大匙的水裡約五分鐘左右。

2 在小鍋子裡放入50毫升的水，煮沸後關火，加入步驟1裡泡開了的明膠攪拌均勻，直到溶解為止。加入一杯的草莓糖漿，再混合均勻。

3 將步驟2倒入托盤裡，待放涼後送進冰箱裡冷卻，使其凝固。

草莓果醬

11～4月

草莓一整年都可以買得到，不過在四到六月左右出產、生長於自然環境的小顆品種氣味更爲香甜，用來製作果醬或是第18頁的糖漿都很適合。因爲價錢也很實惠，所以這段期間可以開開心心地經常做來送人。

製作的祕訣就是開中火快速完成。煮的時間久了草莓會氧化，顏色就不漂亮了。一次製作的量約600克左右，鍋子要選用耐酸的琺瑯或不鏽鋼材質。

推薦使用室外栽種果實較小顆的草莓。

一鼓作氣煮透的草莓會呈現紅寶石般的明豔色澤。

材料（方便製作的量）

草莓……600克（2盒）
白砂糖……200克
檸檬汁……½～1大匙

作法

1 草莓清洗乾淨後用木刮勺取出放入鍋裡，灑上白砂糖後靜置十分鐘左右。（如圖❶）這個動作可以讓砂糖充份浸透草莓，可以節省熬煮的時間。

2 鍋子一開始先開小火加熱，待出水後再轉至中火，過程中不時用木刮勺混合拌勻（如圖❷），沸騰後轉成偏弱的中火熬煮約二十分鐘左右。

加熱約四到五分鐘左右，鍋裡開始冒大泡泡，待再熬煮三到四分鐘之後泡泡就會慢慢消去。過程中產生的浮沫用勺子撈掉（如圖❸）。

浮沫撈得差不多即可。有些人一定要把浮沫撈得一乾二淨，但這麼做會讓珍貴的果醬份量變少。

3 一面觀察濃度一面熬煮，當煮到呈現光澤且變得濃稠時就加入檸檬汁（如圖❹），然後關火。理想的份量大約是熬煮至剩一半。這時要趁熱把它裝進經過煮沸消毒的瓶子裡（請參考第60頁），蓋子蓋緊後將瓶身倒置放涼。

小提醒
❖放在冰箱裡保存，兩個月左右要吃完。

自己動手製作碩大飽滿的醃酸梅。

醃酸梅

醃酸梅在保存食品的製作中始終占據著一席之地，承受著眾人特別的關愛。一開始挑戰醃酸梅的人都會特別緊張：「好像很麻煩耶，要花很多時間吧？」

不過大家不用擔心。只要好好地按著以下步驟進行：梅子用鹽醃漬→出水後用紅紫蘇醃漬→在太陽下曬乾，不論是誰都能毫無失誤地完成。

全部的流程就是這些了，所以請不要偷懶，確實做好。只要按照著步驟進行，就能夠知道醃酸梅這個充滿前人智慧的食品是怎麼產生的。

市面販售的醃酸梅很多都不像這樣耗工費時製作而成，所以都會註明「需冷藏」。在常溫下也可以放好幾年的食品就是醃酸梅，醃酸梅最大的特徵就是具有防腐的效果。

醃酸梅的主要功用有：

- 殺菌作用，防止食物中毒，保護腸胃。
- 含有天然檸檬酸，有恢復疲勞、防止老化的功效。

從梅雨季到夏季這段期間是容易被吃壞肚子、下痢、中暑、疲勞等症狀所苦的時節。自己動手製作眞正的醃酸梅，用梅子的神奇力量克服苦夏吧！

〈準備〉

＊醃酸梅用的梅子要選由黃轉紅的成熟梅子。它的產季在青梅過後。我推薦大家選用碩大成熟、香氣甘甜的南高梅。當然，自家產的梅子也是不錯的選擇，採下來的梅子如果還不夠熟的話可以攤在竹篩上放個兩到三天，避免太陽直接照射。

＊鹽的話使用容易沾附在梅子上的粗鹽較爲合適。鹽的用量是梅子重量的15%。近年來減鹽風氣盛行，少鹽的醃酸梅受到大衆吹捧，但是鹽份少了又會有發霉的疑慮。醃酸梅就是因爲使用了可以保存食物的鹽來醃漬，所以才能在常溫下放好幾年都不腐敗。

＊醃漬的容器要準備可以耐鹽耐酸的陶甕或是琺瑯製的器皿。容量必須要大過醃酸梅的幾倍。一般都會註明是2公斤用或是3公斤用的容器，所以一定要先確認過。

＊醃漬時用來施壓的重量石還是要選用可以耐鹽耐酸的陶製品或聚乙烯的材質。準備重量等同醃梅重量的重量石兩個。

＊鍋中蓋可選擇尺寸稱手的盤子。

＊以上所有的道具都要泡在滾水裡消毒過。然後再灑上燒酎，用燒酎將布沾濕後擦過一遍，就算大功告成。

＊時程若依照以往慣例，差不多如下面所述。這段期間內想製作醃酸梅的人就盡量避免外出旅行吧。

＊三月中旬開始用鹽醃漬，一個禮拜左右會出水。

＊三月底到五月初的期間用紅紫蘇醃漬。

＊梅雨季結束後準備曬乾。

醃酸梅的製作期間很長，所以做出成品時也格外有成就感。一旦成功了，一定會信心大增。

【用鹽醃漬】

材料（梅子3公斤的份量）

〈鹽醃〉

黃梅……3公斤

粗鹽……450克（梅子重量的15%）

蒸餾白酒……1/4杯

1 用流動的水將梅子清洗乾淨，有受傷的或是斑點的挑掉不用。因爲受傷是造成發霉的原因。

2 倒在漏勺上瀝乾水份，再用乾布一個一個把水份擦拭乾淨，用竹籤將附著在蒂頭處的蒂去掉（如圖❶）。

3 抓兩搓鹽放在一旁備用。在用滾水消毒過的容器裡灑一搓鹽，把梅子一一塞進容器裡，不留任何縫隙。接著在梅子蒂頭的開口處灑鹽，像是要把口塞住似的（因爲容易這個處開始發霉），然後每疊一層就灑一層鹽。如此反覆動作，最後將擱在一旁備用的鹽均勻灑在最上層（如圖❷）。

4 爲了防止發霉，用蒸餾白酒全部澆一圈（如圖❸），放上消毒過的盤子當做鍋中蓋，然後在上方放上梅子重量兩倍、已經消毒過的重量石（如圖❹）。

5 蓋上報紙等遮蔽物以免讓灰塵跑進去，縛好繩子，放置在通風良好的陰涼處。

6 放置四到五天後會漸漸生水（圖❺是已經出水的狀態）。

出水之後將重量石的重量減半，然後放著等待紅紫蘇登場。生出來的這些汁水就稱爲白梅醋。

【紅紫蘇醃漬】

紅紫蘇要選用葉子細長捲曲，表面和背面都是紅色的品相。它的產季自三月下旬開始，一旦買到了就要趁新鮮立刻著手處理。

材料（梅子3公斤的份量）

〈紅紫蘇醃漬〉

紅紫蘇……3把（淨重250克）

粗鹽……50克（紅紫蘇重量的20％）

1 將紅紫蘇的葉子摘下秤重，準備相當於紫蘇葉重量20％的鹽備用。將紫蘇葉放進碗裡更換多次清水仔細清洗（如圖❶）。將紫蘇葉撈起放在漏勺上將水份充份瀝乾。

2 將紫蘇葉放入大碗裡，灑上一半份量的鹽（如圖❷），將全部的葉子攏在一起靜置一會兒，當葉子變軟後用力搓揉。這時會有非常苦澀的汁水釋出（如圖❸），把葉子用力擰乾取出，把汁水倒掉，將大碗清洗乾淨。

3 將葉子放回大碗裡，灑上剩下的鹽（如圖❹），依同樣的方法搓揉，再把釋出的汁水倒掉。

越是新鮮、品質越好的紅紫蘇葉色澤越豔麗。

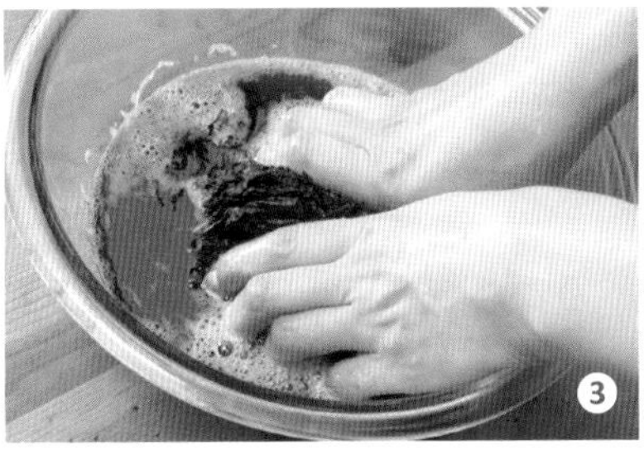

4 將擰乾的葉子放入乾淨的大碗裡，將第24頁鹽漬過程中產出的白梅醋舀出大約¼杯的量澆在葉子上（如圖❺）。葉子一旦散開，白梅醋轉眼間就被染成了鮮艷的紅色。這裡染成紅色的梅醋就是「紅梅醋」。

5 將紅紫蘇放在鹽漬的梅子上，然後淋上紅梅醋（如圖❻）。再用筷子把紫蘇葉挑散，不要結成一團（如圖❼）。

6 放上鍋中蓋，拿掉重量石，把容器的蓋子蓋上，就這麼放在陰涼的處所，直到梅雨季節結束。

如果過程中發現梅子或醃漬的汁液發霉了，就拿用滾水消毒過的勺子把發霉的部份舀出來，再噴灑白酒。容器也用沾了白酒的紙巾擦拭乾淨。

將紅梅醋用瓶子另外裝起來，當做充滿濃郁紫蘇風味和梅子風味的調味料使用。可以用它來做醋拌涼菜或是消除肉類的腥味，也可以用來增添食物的色彩。

5

6

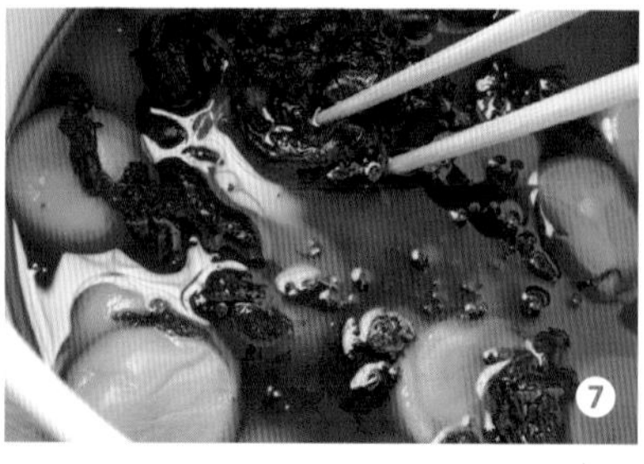

7

【太陽下曬乾】

日曬的步驟是醃酸梅製作過程中最令人興奮的時刻。如果一早起床是夏日豔陽高照的大晴天就開始準備，進行三天三夜的日曬程序。

第一天。將染成紅色的梅子用筷子夾出來，一顆一顆地排列在大面積的竹篩子上（如圖❶）。紫蘇葉一樣瀝乾水份攤平。

選一個日照充足、通風良好的場所，從早上開始曬。到了中午當梅子的表面乾燥之後就一顆顆地翻面，使其均勻曬乾。到了傍晚就將竹篩連同梅子整個收進屋內暫放。

第二天也用同樣

1

的方法曬梅子。到了傍晚再收進屋內。
第三天曬的時候就直接放在外面過一夜，讓梅子沾附夜晚的露水。
最後一天日曬時，也將醃漬用的紅梅醋連同容器整個放在太陽底下一起日曬，進行消毒（如圖❷）。
這過程中只要留意下雨即可。如果不是連續的晴天，可將梅子收進屋內等放晴了再拿出去曬。沒有連續也無妨，只要曬滿三天三夜就行了。
曬好的梅子可以直接這麼保存起來（如圖❸），也可以再淋上醃漬的汁液，回復原本用紅梅醋醃漬的狀態保存。可依各人喜好自行決定。

把預備用來製作紅紫蘇粉的紫蘇葉留下，其餘的和梅子一同保存。

小提醒

❖完成後的醃酸梅雖說或多或少具有防腐的作用，但還是儘可能放在通風良好的陰涼處存放。如果是住在公寓大樓裡，沒有適當的地方可以存放，就只能放在冰箱裡保存了。可以放幾年都不會壞。

❖編注：台灣的梅子大約於3月中就開始陸續採收，4月中到5月是盛產、成熟的季節，6月偶爾也還能買到。日本的梅子盛產期約為6月中旬至7月上旬）

日曬紅紫蘇葉的應用

紅紫蘇粉

自製的紅紫蘇粉格外美味。

材料與作法（三至四人份）

將日曬過後的紅紫蘇葉在竹篩上攤平，再曬個兩到三天，曬到完全乾燥，變得酥脆為止。之後放入食物處理機裡研磨成粉。如果想讓粉末更細，可以用研缽研磨。

小提醒

❖在陰涼處可以保存三個月。若放入冰箱保存可以保存一年。

3～5月

梅酒

放一年左右會呈現琥珀色。和梅子一起用漂亮的玻璃杯裝盛，做為餐前酒飲用。

被雨洗禮的青梅翠綠美麗。一年一次的梅酒製作是梅雨時節最開心的事。

梅酒的人氣越來越旺，除了近來最普遍的使用燒酎釀造之外，也有使用日本酒、白蘭地、雪莉酒等酒類釀造，也有使用砂糖或黑糖的，種類豐富多樣。

我除了用燒酎製作梅酒，也試著挑戰過用白蘭地、雪莉酒以及燒酎加黑糖製作梅酒。

大家要不要也來嚐試看看不同以往的梅酒呢？不論用哪一種，製作方法都相同。只是添加的酒和砂糖不一樣而已。

釀酒的瓶子要用熱水仔細清洗乾淨，然後把瓶身倒扣晾乾。用燒酎在瓶子內側擦拭一次會更保險。使用煮沸的方法消毒，如果瓶子不具耐熱功能，可能會破裂。

材料（方便製作的量）

青梅……500克
冰糖……250～400克
蒸餾白酒……900毫升

作法

1 將梅子仔細清洗乾淨（如圖❶）。

2 瀝乾水份，用竹籤將附著在蒂頭處的蒂挑掉（如圖❷）。

3 用乾淨的紙巾將水份擦拭乾淨（如圖❸）。

4 先放一層梅子再放一層冰糖，如此一層一層交疊放置（如圖❹），接著慢慢地注入蒸餾白酒。

小提醒

❖放在陰涼的處所保存，梅子的果實要泡上一年。兩到三個月就可以喝了，只是放個半年到一年熟成後，口感會更溫潤順口。

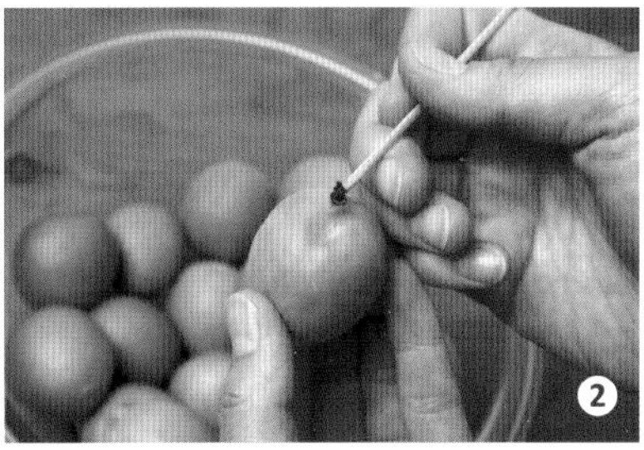

用白蘭地釀造

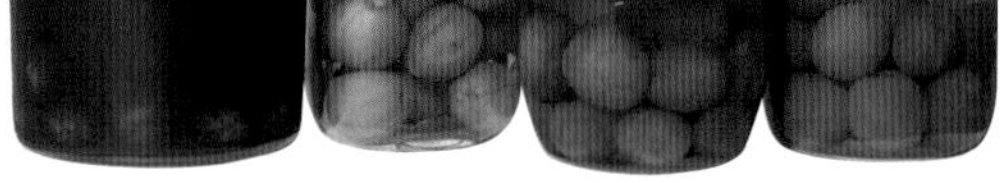

釀了半年的梅酒
非常美味順口。

各色梅酒

製作果酒使用的酒因爲要展現水果的風味，所以一直以來都選用酒精濃度高的蒸餾酒。

近年來有越來越多人使用蒸餾白酒以外的酒來製作梅酒。

用白蘭地釀造梅酒

白蘭地是用來釀造梅酒的酒類中酒精濃度較高的酒。比例是在500克的梅子裡加入500毫升的白蘭地及250克的冰糖。

用雪莉酒釀造梅酒

使用雪莉酒來釀造梅酒。比例是在500克的梅子裡加入750毫升的西班牙堤歐雪莉酒（TIO PEPE）以及250克的冰糖。

用黑糖釀造梅酒

用黑糖釀成的梅酒有獨特的風味，加入冰塊稀釋飲用別有一番風味。比例是在500克的梅子裡加入900毫升的蒸餾白酒以及250克的黑糖。

3~8月

紫蘇汁

襯著玻璃杯在陽光的映射下，紫蘇汁顏色豔麗動人。

因爲聽說紫蘇的精華很有「療效」，所以我開始做給女兒飲用。我都是先做好一年的量放在冰箱裡保存，夏天的時候兌香檳或是白葡萄酒、冰水飲用。因爲好喝而且色彩夢幻，所以它成了我們家的常備飲品。

紫蘇在漢方醫學中具有解毒、止咳以及安神等種種療效。而且還富含很受歡迎的多酚（POLYPHENOL）和β-胡蘿蔔素（β-CAROTENE），對健康也很有助益。

夏天用來招待不能飲酒的客人或是小朋友都很討喜。

鍋子要選用耐酸的不鏽鋼或琺瑯材質。將紫蘇葉摘下來清洗乾淨放在竹篩上攤平晾乾。

材料（方便製作的量）

紅紫蘇葉……2~3把（淨重600克）
水……1.5公升
砂糖……600克
醋……1至1又1/2杯

作法

1 用大鍋將材料中的水煮沸，將紫蘇葉分四次加入鍋中（如圖❶）。

2 熬煮五分鐘左右後將紫蘇葉倒在漏勺上（如圖❷）過濾，用手擠壓留在漏勺上的紫蘇葉，把汁液擠出來。

3 把濾出來的汁液再倒回鍋中加熱，加入砂糖（如圖❸），一邊撈去浮沫一邊開中火熬煮約五分鐘左右。

4 加入醋（如圖❹），慢慢混勻後關火。加入醋的瞬間，顏色會剎時染成紫色，每次看到這一幕我都感動莫名。

小提醒

❖冷藏可保存一年。因為是濃縮汁，所以要用水或汽水以1~3倍的比例稀釋飲用。

❖編注：台灣的紫蘇葉盛產約為3至8月，日本約為6至8月。

杏桃果醬

6～7月

比起拿來當水果吃，杏桃更常被用來做爲果醬食用。生的杏桃味道很酸，所以不是每個人都喜歡，但做成果醬後它的酸度剛好，可用來塗抹餅乾或是做爲海綿蛋糕的夾心，是製作糕餅不可或缺的材料。

桃杏只有在六月底到七月中旬短短的幾週內可以在市面上買得到，請大家不要錯過，用它來製作果醬吧！買杏桃要挑選顏色偏橘的成熟果實，若還不夠熟，就放個兩到三天。

材料（方便製作的量）

杏桃……1袋（800克）
白砂糖……杏桃淨重的60％

作法

1 將果實以縱向深深劃刀，然後兩手一扭轉，杏桃就可以漂亮地一分爲二，取出種子。取出種子後測量杏桃的淨重，準備相當於杏桃淨重60％的白砂糖，在鍋中放入杏桃和白砂糖混合均勻。讓全部的杏桃都沾附白砂糖。

2 開小火，其間不斷地攪拌，待生出少許的水份後轉至偏弱的中火繼續熬煮約二十分鐘，過程中不時攪拌（如圖❶），直到湯汁變得濃稠爲止。如果熬煮的過程中有浮沫產生就用勺子撈掉。杏桃煮到軟爛時，利用木刮勺一邊壓碎一邊弄散，當煮到光滑沒有顆粒感就完成了（圖❷）。

3 趁熱裝進消毒過的保存瓶中，將瓶身倒扣放置（請參考第60頁）。

小提醒

❖放入冰箱保存，三個月左右吃完。

❖編注：台灣原本氣候不適合杏桃生長，大多仰賴進口，日本盛產期約6月半至7月中，台灣農委會育成的杏桃（水蜜桃品種）則在1、2月間開花、5月中旬開始採收。

❶

❷

杏桃的酸味特別突顯。

杏桃果醬的應用

蛋糕捲

材料（一捲的量）

海綿蛋糕基底

蛋……3顆
砂糖……70克
低筋麵粉……40克
奶油……2大匙

塗抹用

鮮奶油……½杯
砂糖……1大匙
杏桃果醬……適量

作法

1 製作海綿蛋糕的基底。先將烤箱預熱到180～190度，在30公分厚的烤盤上鋪上烤箱專用的烘焙紙。

2 將蛋的蛋白和蛋黃分開，將奶油溶化。

3 碗裡倒入蛋白打發，過程中分三次加入砂糖，蛋白打發至堅挺可以站立的狀態。加入蛋黃大略混合，將低筋麵粉過篩加入，同時用刮勺拌勻，再加入溶化的奶油混合均勻。

4 將麵糊倒入準備好的烤盤上，把表面刮平放入烤箱烤八至十分鐘，然後取出放涼。

5 在碗裡放入鮮奶油和砂糖，一面讓碗底就著冰水，一面將碗中的鮮奶油打發。

6 將打發鮮奶油塗滿整片冷卻的海綿蛋糕，然後在末端留一小段塗上杏桃果醬，從邊邊捲起（如左側照片），用保鮮膜包裹後放入冰箱定型。

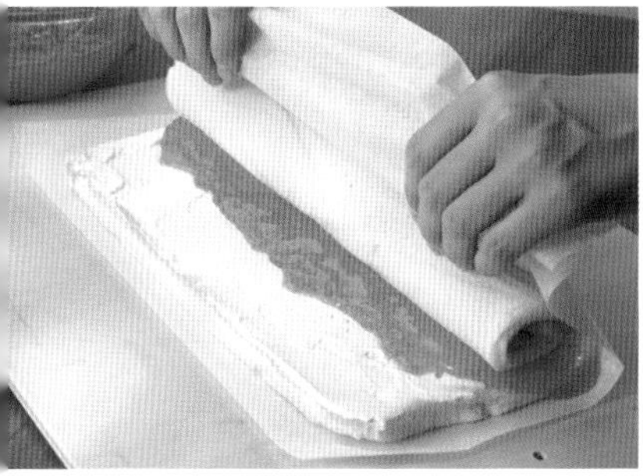

5～8月

藍莓果醬

輕輕鬆鬆就完成了，搭配優格也很對味。

以前院子裡有一棵藍莓樹，每當收穫的時節我都會做成藍莓果醬。雖然市面上也有冷凍的藍莓，但新鮮藍莓做成的果醬特別好吃。它的濃稠度會隨著熬煮時間的不同而有差異，如果是用來當成醬汁淋在優格等食物上的，完成品的水份就可以多留一些，如果大多是用來塗抹麵包的話，最好是煮久一點，讓它更濃稠更厚實。

因爲我對甜食沒有抵抗力，所以大概一個禮拜就吃光光了。

材料（方便製作的量）

藍莓……400克
白砂糖……100～120克
檸檬汁……2～3小匙

作法

1 將藍莓清洗乾淨放在漏勺上讓水份充分瀝乾。

2 在鍋中放入步驟1的藍莓，加入白砂糖鋪滿全部的藍莓（如圖❶）。靜置十分鐘左右，讓白砂糖溶解。

3 鍋子先用小火加熱，待生出些許水份時轉成偏弱的中火，一面用刮勺不時翻動一面熬煮（如圖❷）。一開始可能會覺得要煮糊了，但很快就會有水分跑出來了。

4 沸騰後熬煮八到十分鐘（如圖❸），接著關火加入檸檬汁（如圖❹）。

❖甜度可視各人喜好加減。砂糖我推薦使用黑糖。黑糖是沒有經過過多精製的原料糖，是最先製成的砂糖，所以滋味溫潤醇厚。

❖編注：日本的藍莓盛產期約為4至6月。台灣藍莓大多仰賴進口，近幾年已經可以自行培育，盛產期為每年5至8月。

小提醒

❖想做成較為濃稠的果醬時可以視情況再熬煮五分鐘左右。

❖稍稍放涼後裝入煮沸消毒的瓶子裡。放冰箱可保存一個禮拜左右。

藍莓表面的白色粉末稱為果粉，是新鮮的象徵。

8～10月

栗子甘露煮

栗子煮到軟綿，讓甜味慢慢滲入。

栗子甘露煮可謂是栗子產季裡我認爲非做不可的一個品項，是醃漬食品的固定班底之一。只有自己製作的栗子甘露煮才能享受到恰到好處的甜味與芳香。只要有了它，就可以輕輕鬆鬆製作蛋糕捲或是蒙布朗（法語：MONT BLANC，栗子蛋糕）等栗子糕點了。

我也曾經有過一想到要動手做就覺得費事的情況。像這種時候，可以趁著深秋的長夜先將栗子皮一鼓作氣剝好，泡在水裡放入冰箱保存。隔天再用糖漿熬煮。放慢步調輕鬆地做也不錯。

材料（方便製作的量）

栗子……20顆（600克）
梔子花果實……1顆

糖漿

水……1又½杯
砂糖……300克
鹽……¼小匙

作法

1 在大碗裡放子栗子，倒入滾水直到差不多淹沒栗子爲止，靜置十五分鐘左右。

2 當栗子殼稍稍變軟後開始剝殼。首先，切開栗子的底部（如圖❶），將殼撕掉（如圖❷），將內層澀皮去除（如圖❸）。用這個方法剝，就可以安全地把栗子殼剝得漂漂亮亮。殼剝好後浸在水裡三十分鐘以上，去除苦汁（如圖❹）。將梔子花果實碾碎，裝進茶袋裡。

3 在鍋中放入步驟**2**的栗子和充足的水（大約4杯左右），開火加熱。煮沸後放入梔子花的果實（如圖❺）並蓋上鍋蓋，但鍋蓋要稍稍錯開，半掩即可，就這樣熬煮十五分鐘左右，直到栗子用竹籤可以刺穿爲止。如果煮得太過，用糖漿熬煮的時候栗子會容易破裂，這一點要注意。煮好後倒在漏勺上，用流動的水沖涼。

4 在鍋裡倒入煮糖漿用的水和1/3量的砂糖，沸騰後輕輕放入栗子，用烘焙烤紙蓋在上方做爲鍋中蓋，再用小火熬煮五分鐘。接著再加入1/3量的砂糖，熬煮五分鐘。之後將剩餘的砂糖加入（如圖❻）再熬煮五分鐘，然後加入鹽再滾一下就關火。

5 放到涼，然後裝入煮沸消毒過的瓶子裡。再倒入糖漿，讓糖漿淹沒栗子。

小提醒

❖放入冰箱保存，一個月左右吃完。

❖編注：（甘露煮（かんろに）是一種傳統日本料理法，將醬油、味醂、酒和糖（砂糖、麥芽糖或蜂蜜）等調味料與食材一起入鍋，以小火慢慢煮到水份近乎收乾，讓調味料滲入食材內。）

❖編注：日本的栗子盛產期約為9至10月。台灣栗子採摘期為每年8至10月，但9月至3月也大多有國外進口之栗子可選擇。

簡式蒙布朗

栗子高級的甘甜與鮮奶油搭配最是對味。

材料（四個的份量）

海綿蛋糕適量（請參考第35頁的蛋糕捲作法）
栗子甘露煮4顆（80克）

打發的鮮奶油

鮮奶油1/2杯、砂糖1大匙

作法

1 將海綿蛋糕切5公分的四方形，準備十二片。也可以使用市面販售的海綿蛋糕。
2 用叉子將栗子甘露煮壓破成粗粒。
3 製作打發的鮮奶油。在碗裡放入鮮奶油和砂糖，一面讓碗底就著冰水，一面將碗中的奶油打到八分發。
4 依照海綿蛋糕片、打發的鮮奶油、栗子甘露煮的順序，一一往上鋪疊出三層的海綿蛋糕。以同樣的步驟將全部的海綿蛋糕片做成四個蒙布朗。

6～1月

葡萄汁

收集葡萄滴下來的汁液製成百分之百的天然果汁，是以天然製法製作而成的果汁。

用藍紫色的美麗葡萄「貝利A品種」來製作果汁。製作果汁後留下的葡萄果肉可以用來做成果醬或是糖果。因爲是昂貴的葡萄，所以我們一點都不能浪費，要將大自然的恩惠利用到極致。

材料（製作出的量為1公升）

貝利A品種的葡萄……2公斤（淨重）
水……1杯
白砂糖……完成後果汁重量的50%
檸檬汁……5大匙

製作果汁或是果醬用的葡萄，我推薦選擇口味較酸、果肉較軟的貝利A品種（MUSCAT BAILEY A）。價格也比較實惠。

作法

1 將葡萄一粒粒摘下來仔細清洗，放入鍋中加入材料中的水開中火加熱。煮沸後在下方的葡萄會脫去外皮，所以木刮勺上下翻動煮十五分鐘左右（如圖❶）。

2 放涼後，在漏勺上方鋪兩層紗布，漏勺下方就著碗，然後把鍋裡的葡萄倒在漏勺上。這時不用擠壓，果汁就會自然濾出（如圖❷）。

大約一小時後，榨出的葡萄汁會變得混濁，因爲之後可以用來製作果醬，所以這些精華要預留下來。

3 測量果汁的重量（約800毫升），並準備1/2重量的白砂糖。

4 在鍋裡倒入果汁，加入白砂糖（如圖❸），開中火加熱，煮沸後一面撈去浮沫一面熬煮五分鐘。之後關火，加入檸檬汁就大功告成了。

小提醒

❖裝進乾淨的瓶子裡放入冰箱保存。可以保存三個月左右。

❖編注：日本的葡萄盛產期約為9至10月。台灣葡萄品種多，以巨峰為例，產期是在每年的6至8月，12月到翌年的1月。

做完果汁後竟然還能再回收利用的新鮮果醬。

葡萄果醬
葡萄糖

使用做完果汁後的果肉來製作果醬。因爲沒有擠壓果肉，所以葡萄的精華還滿滿地留在果肉中。

【葡萄果醬】

材料與作法

1 將漏勺貼著碗，把殘留下來的果肉放在漏勺裡壓碎（如圖❶），把葡萄籽和葡萄皮取出，果肉壓成果泥。測量果泥的重量，並準備1/2重量的白砂糖。

2 將果泥和白砂糖倒入鍋中，開小火加熱約十分鐘，過程中要不時攪拌以免燒焦（如圖❷），直至煮到變成糊狀爲止。

小提醒

❖趁熱裝進煮沸消毒過的瓶子裡（請參考第60頁），瓶身倒扣放涼。放入冰箱可保存兩個月左右。

【葡萄糖】

葡萄糖也是由葡萄果泥製作成的。雖然在製作過程中要用到糖果專用的果膠讓它凝固，感覺有點專業，但把葡萄做成糖果後的成就感是無法比擬的。果膠在甜點材料專賣店就買得到。

材料（14×11公分的模型一模）

—葡萄果泥……200克

A —果膠……5克
—白砂糖……20克

B —白砂糖……180克
—水飴……30克

＊先準備一個淺底的方盤模型，在表面灑一層白砂糖（額外的量）。

作法

1 同樣將漏勺貼著碗，把殘留下來的果肉放在漏勺裡壓碎成果泥。

2 將果泥倒入鍋中，一邊用打蛋器拌勻一邊開中火加熱，溫熱後加入材料**A**，再充份攪拌均勻。

3 沸騰後加入材料**B**，再用打蛋器混合均勻。一邊用溫度計測量溫度一邊持續攪拌，加熱到190度時關火，倒入模型中。

4 稍稍放涼後趁著還有餘熱時在上方灑上白砂糖（額外的量）。

5 冷卻後脫模，切成自己偏好的大小，再全部灑上一層白砂糖（額外的量）。

小提醒

❖裝入密閉的容器內保存。如果從秋天放到冬天，放進冰箱裡可以保存一個月。

糖果耐放，送禮最合適

糖煮蘋果

每年冬天都有很多的蘋果吃。雖然十分感謝，但真的是多到吃不完。這時我們家就會趁還沒壞掉前把它們做成糖煮蘋果或是焦糖蘋果保存起來，當有空的時候再拿來做糕點。

蘋果大多都是富士蘋果，不過，蘋果派用富士蘋果來做也是ＯＫ的。雖說一般都認為用紅玉蘋果製作蘋果派更為合適，但富士蘋果兼具甜味和酸味，而且煮過的富士蘋果仍保有彈性，和紅玉蘋果的口感相比，我個人更喜歡富士蘋果的口感。

蘋果製作的糕餅很受大家歡迎，把它做為年節的禮物送人也很討喜。

糖煮蘋果如果一次煮的量太多會容易失敗。

材料（方便製作的量）

蘋果……6～8顆（2公斤）
白砂糖……160～200克
檸檬汁……1～2大匙

作法

1 蘋果縱切成八等份，把芯去除，削皮，再切成1公分厚的扇形。

2 在琺瑯材質或不鏽鋼材質的鍋子裡放入蘋果和白砂糖，蓋上鍋蓋開中火加熱，出水後拿掉鍋蓋繼續熬煮，直到蘋果變軟為止。過程中試一下味道，調整自己喜歡的甜度，之後加入檸檬汁就完成了。

小提醒

❖放冰箱保存，兩個禮拜左右要用完。灑上肉桂粉抹吐司吃，或是搭配蕎麥鬆餅一起享用都很對味。

❖編注：日本的富士蘋果盛產期約為11至12月。台灣蘋果的產季大約落在8至10月夏秋之際，但是其他月份也大多可以購買到進口的。

蘋果派

只有在這種時候才能奢侈地把內餡拼命塞滿。

材料與作法（直徑18公分的烤派模型一模）

市面販售的派皮3～4片、糖煮蘋果800克、蘭姆酒漬的葡萄乾（請參考第58頁）50克、肉桂粉2小匙、蛋液1/2顆的量

1 將派皮拉成3公分左右的厚度，鋪在烤派的模型上。其他用來做為邊條的派皮切成1.5公分寬的帶狀，準備12～13條。

2 將蘭姆酒漬的葡萄乾放入糖煮蘋果裡混合均勻，灑上肉桂粉，均勻平鋪在派皮上。將帶狀的派皮以斜菱格紋的方式排在表面上。在派的邊緣塗上一層蛋液，然後用切成帶狀的派皮將整個派圍一圈，再用叉子的背面輕輕壓出紋路。溢出來的派皮就用手指壓斷，去掉。

3 最後用刷子在派的表面塗上一層蛋液，然後用200度的烤箱烤四十分鐘左右，烤到顏色變得金黃為止。

焦糖煮蘋果

8～10月

這是使用焦糖醬汁熬煮蘋果的作法。焦香的焦糖香氣濃郁，和海綿蛋糕一起烘烤或是加入冰淇淋、美式鬆餅、英式司康一起享用都很美味。

焦糖醬容易焦糊掉，要使用較厚的鍋具熬煮。

材料（完成品約1公斤）

蘋果……6～8顆（2公斤）
白砂糖……160～200克
檸檬汁……1～2大匙

作法

1 將蘋果縱切成六等份，去芯，削皮，再對半切成兩半。

2 在大的平底鍋或是煎鍋中放入白砂糖，開小火加熱。當呈現焦糖色時一面搖晃鍋子一面攪拌均勻，然後放入切好的蘋果（如上方照片）。不時搖動鍋子。繼續加熱，用蘋果的水份將蘋果煮軟，一直煮到水份差不多收乾爲止。過程中可以試一下味道，依自己的喜好調整甜度，之後加入檸檬汁就完成了。

小提醒

❖ 待冷卻後放入冰箱保存，兩個禮拜左右吃完。

焦香的焦糖醬汁滲入海綿蛋糕裡，香味撲鼻。

焦糖蘋果蛋糕

只要在煮好的焦糖蘋果上倒入海綿蛋糕的麵糊再送進烤箱烘烤即可。烤好後翻面，就是法式翻轉蘋果塔（TARTE TATIN）。

材料

（直徑20公分的固定底圓型蛋糕模1模）

焦糖煮蘋果……500克
蛋……2顆
砂糖……80克
低筋麵粉……100克
奶油……80克

作法

1 在模型內側的側面塗抹奶油（額外的量），將焦糖蘋果緊緊地塞滿模型底部，不留空隙。

2 製作海綿蛋糕基底。將奶油溶解，達到差不多體溫的溫度，將低筋麵粉過篩備用。將蛋的蛋白和蛋黃分開。將蛋白放入碗裡打發，過程中分三次加入砂糖，打成有光澤的蛋白糖霜，然後加入蛋黃，每次一顆。

3 加入過篩過的麵粉，用塑膠刮勺拌勻，再加入溶解後的奶油攪拌均勻。

4 將麵糊倒入步驟**1**的焦糖蘋果上方，用180度的烤箱烘烤四十分鐘。放涼後將模子倒扣取出。

糖煮西洋梨

西洋梨因啤梨（LA FRANCE，又稱爲法國梨）的普及一下子躍升成了人氣王。

我很喜愛西洋梨滑潤的口感所以經常買，有時候一買就是一整箱。像這種時候我都會趁它還沒腐壞前製作成糖煮西洋梨。

材料（方便製作的量）

西洋梨（啤梨）……4大顆
水……5杯
白砂糖……500克
檸檬汁……1～2匙

作法

1 在鍋中放入材料中的水和白砂糖，開中火加熱。等水煮沸的期間將西洋梨削皮，縱切成兩半，把西洋梨的芯和籽去除。

2 當鍋內的糖水沸騰後放入西洋梨，加入檸檬汁，再滾一下後轉成小火，放上廚房紙巾做爲鍋中蓋，讓它小火慢燉。

3 雖然時間會視梨子的成熟度而有差異，但一般而言煮個十分鐘就可以關火，然後放著等它涼。

小提醒

❖將西洋梨裝進保存容器中然後倒入糖汁直到西洋梨浮起來為止，接著蓋上蓋子放入冰箱保存。冷藏保存的話差不多一個月要吃完。

❖編注：台灣原本沒有生產西洋梨，故大多仰賴進口。10至11月為日本西洋梨的盛產期。

為受熱均勻，烘焙烤紙可開洞當成鍋中蓋使用。

蜜漬香橙

10～3月

蜜漬香橙在冬天用熱水沖泡就是熱飲，到了夏天加冰塊就是冷飲，一年四季都可以享用。它也可以用來補充維生素C，是每個家庭都可以常備的保存食品。

材料（方便製作的量）

香橙……大的1顆
蜂蜜……1又½杯（420克）

小提醒

❖醃漬好的隔天就可以吃了，可保存一個月左右。也可以用來當果醬使用。

❖編注：日本知名的調味料，柚子胡椒的柚子其實應該叫做香橙，產季約為12月到翌年1月；台灣柑橘類盛產時間大約從秋末10月開始，一直到隔年初春3月，柳橙盛產期約從每年12月至翌年2月。

作法

1 將香橙仔細清洗乾淨，從側面一切為二，把籽和芯的部份去掉，再切成薄片。

2 將香橙裝入消毒的瓶子裡，倒入蜂蜜，蓋上蓋子放入冰箱保存。

金柑果酒 香橙果酒 木梨果酒

10～3月

這些都是很有療效的水果酒。可以隨時預做起來備用哦。

【金柑果酒】

金柑是大家都知道的治療感冒、喉嚨的良藥。

它的皮和果肉中含有的維生素C和維生素A可以有效治療因感冒造成的喉嚨沙啞。

材料（方便製作的量）

金柑……500克
蒸餾白酒……900毫升
冰糖……250克

作法

將金柑用刀劃出五到六處的開口，放入消毒過的保存容器裡，加入冰糖，倒入蒸餾白酒。放在陰涼處保存，放靜置一年。不時搖動瓶身，讓味道均勻融合。

小提醒

❖編注：日本金柑就是我們所熟知的台灣金桔，日本金柑產季為每年1至3月，滋味較甜，台灣金桔的產季約為每年11月到隔年2月。

【香橙果酒】

在香橙中名爲花柚子的小香橙很適合用來製作果酒或是用蜂蜜醃漬。使用燒酎或日本酒來製作香橙果酒也可以，但以下的介紹是試著使用白蘭地來製作。

香橙的營養價值優異，尤其維生素C的含量更是柑橘類中的翹楚。除了可以治療感冒、喉嚨不適之外，冬至那日用香橙入浴更被認爲可以治療百病。

材料（方便製作的量）

香橙……600克
白蘭地……1公升
冰糖……400克

作法

將香橙從側面一切爲二，裝入消毒過的保存容器中，放入冰糖，倒入白蘭地，放置在陰涼處存放半年以上。

【木梨果酒】

木梨是像西洋梨形狀的堅硬果實，秋天會變黃成熟，香氣芬芳。採摘下來後放個三到四天，香氣會更加濃郁，所以請等到這時候再拿來做酒。

木梨酒是衆所周知的止咳藥，也被譽爲藥酒之王。放置一年後酒湯會呈現豔麗的紅寶石色，美得教人恍神。

材料（方便製作的量）

木梨……500克
蒸餾白酒……900毫升
冰糖……200～400克

作法

將木梨切成2公分厚的薄片，連同籽和芯一起放入消毒過的保存容器裡，放入冰糖，倒入蒸餾白酒。放在陰涼處靜置一年以上。

木梨果酒

一年以後會呈現這樣的顏色

可以搭配吐司和冰淇淋一起吃。

6～8月

檸檬蛋黃醬

我都會盡量選用國產的檸檬。我最喜歡也最常用的，是愛媛縣岩城島產的檸檬。它優點是皮薄肉厚又多汁，可以榨出很多的檸檬汁。

檸檬蛋黃醬看似難度很高，但其實它的做法是出乎意料的簡單。

材料（完成品爲300克）

檸檬汁……2顆的量（70克）
蛋……2顆
砂糖……100克
奶油（無鹽）……100克

作法

1 在碗裡放入蛋和砂糖，充份攪拌均勻到沒有顆粒爲止。加入檸檬汁再攪拌均勻（如圖❶）。

2 將步驟1的材料倒在濾勺上過濾（如圖❷），然後放入鍋裡開小火加熱，一面攪拌一面煮到變黏稠爲止（如圖❸）。蛋要凝固大約是70度左右的溫度。

3 再繼續熬煮，當煮到咕嚕咕嚕開始沸騰之際就將鍋子移離火源，接著加入奶油拌勻（如圖❹），然後放涼。之後裝入煮沸消毒過的瓶子裡，放入冰箱冷卻。

小提醒

❖放冰箱保存，約一個禮拜的時間吃完。

❖編注：日本檸檬盛產期約為10至3月。台灣檸檬幾乎全年均可生產，盛產期為6至8月。

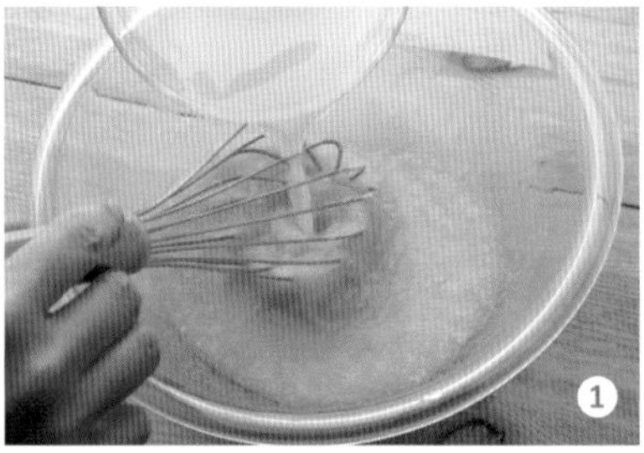

焦香的焦糖醬汁滲入海綿蛋糕裡，香味撲鼻。

檸檬塔

酥脆的塔皮搭配濃稠的檸檬蛋黃醬真是絕配。

材料（直徑7公分的蛋塔模型8個）

塔皮

奶油……30克
砂糖……30克
蛋……$\frac{1}{3}$顆
低筋麵粉75克
（＊塔皮買市面販售的現成品也可以）

檸檬蛋黃醬……適量

檸檬薄片……1片

作法

1 製作塔皮。將軟化了的奶油加入砂糖，用打蛋器攪拌均勻，打到變成白色。將打散的蛋液一次一點慢慢加入，充份混合。加入過了篩的低筋麵粉，用塑膠刮勺混合均勻，直到看不到粉末爲止。將麵糊收攏，用保鮮膜包好放入冰箱內靜置一個小時以上。

2 將塔皮延展到2公分厚，然後鋪在模型上，底用用叉子戳洞。蓋上烹飪用的鋁箔紙，壓上重量石，放入預熱170度的烤箱內烤二十分鐘左右，烤到顏色略略焦黃。

3 將檸檬蛋黃醬擠入已經稍微放涼的步驟**2**的塔皮裡，用$\frac{1}{8}$的檸檬薄片裝飾。

洋酒浸果乾

每當聖誕節來臨，我都會親手烘烤塞滿水果的磅蛋糕贈送給平日關照自己的貴人。

因此，我平常就會把各種果乾裝在空瓶子裡，用洋酒浸漬。浸漬果乾的酒用的是喝剩的白蘭地、琴酒、馬德拉白葡萄酒（MADEIRA）等等，一有多的我就持續地添加進去。

浸漬在酒裡的果乾時間一久會整個變成黑色，味道也會變得溫潤順口，用它們烤出來的蛋糕口感濕潤，很有復古的風味。

此外，我也可以隨時吃到加了無花果乾的麵包以及加了蘭姆葡萄的冰淇淋，眞是太幸福啦。

在採買果乾的時候要看一下標示，盡量不要買到有添加油脂的品項。

材料和作法

在保存容器裡放入葡萄乾、黑醋栗、無花果、李子、藍莓、杏桃、蔓越莓等等的果乾，再倒入蘭姆酒、白蘭地、馬德拉白葡萄酒等酒精度數較高的洋酒浸漬。

小提醒

❖浸漬兩到三天就可以用了，可以保存好幾年。要放在陰涼處保存。

水果磅蛋糕耐放，所以很適合用來送給遠方的朋友。

水果磅蛋糕

這個蛋糕大量使用了浸漬在洋酒裡的果乾製作而成。

材料（長18公分X寬8公分X高6公分的磅蛋糕模型1模）

奶油……100克
砂糖……80克
蛋……2顆（100克）
低筋麵粉……100克
洋酒浸漬的果乾……400克

作法

1 將奶油放在室溫下軟化，蛋也放在室溫下，低筋麵粉先過篩。將烘焙用的烤紙鋪在模型上。

2 在碗裡放入奶油，用打蛋器攪拌到軟滑，一次加入砂糖，再用打蛋器打到變成白色爲止。

3 將打散的蛋液分四到五次加入，每加一次就充分拌勻一次。

4 加入低筋麵粉，用塑膠刮勺快速切拌，再加入洋酒浸漬的果乾拌勻。全部拌好後再用塑膠刮勺繼續攪拌混合，像是要將底部的麵糊翻到上面來似的，拌個二十次左右就會產生光澤感。

5 倒入模型中，將表面抹平，放入預熱160～170度的烤箱，烘烤四十分鐘左右。用竹籤穿刺中心，如果濃稠的麵糊不再沾黏在竹籤上就是烤好了。接著脫模，放在網架上冷卻。

小提醒

❖烤好了就可以享用了，不過如果再放一下，它會變得更濕潤更好吃。大概一個禮拜左右吃完就可以了。

果醬裝瓶的方法

在著手製作果醬之前，先準備蓋子可以旋緊的空瓶。若瓶蓋內側有金屬材質暴露在外，有可能會因爲果醬的酸蝕而生鏽，因此，這類的瓶子要避免使用。

將瓶子煮沸消毒。在鍋裡將水煮沸，把瓶子放進鍋中滾五到六分鐘，然後用夾子把瓶子取出，瀝乾水份，瓶口朝上並排在乾淨的布巾上讓它自然晾乾。

果醬做好時趁熱用湯勺舀起裝進瓶子裡，裝到瓶口快要塞滿爲止，然後立刻旋緊蓋子倒扣瓶身放置，就這樣放到涼。這樣做可以避免空氣進入瓶子裡，達到近似密封的效果，在常溫下就可以長期保存了。除了果醬之外，番茄醬這類的醬汁可以用同樣的方式保存。

把瓶子倒扣放置冷卻

雖說只要有技巧地阻斷空氣就可以長期保存一定時間，但近來因爲講究少甜，所以也會發生空氣進入的發霉情況。最好還是放入冰箱保存，盡可能在兩個月左右吃完吧！

PART

2

蔬菜醃漬物和
延伸料理

切大塊些，咬起來更有口感。

1〜3月

日式淺漬高麗菜

春天的高麗菜和冬天緊實的高麗菜相比更鬆軟、清爽，稍加醃漬一下很快就能把一整顆吃光光。

高麗菜剛醃漬時吃起來像沙拉一樣清脆，體驗它一點一點變化成泡菜的不同風味也是一大樂趣。醃漬一週後，高麗菜會發酵帶點微酸。這時是最適合大眾的口味，我自己也很喜歡。

材料（方便製作的量）

高麗菜……1/2顆（600克）
粗鹽……12克（高麗菜重量的2%）
紅辣椒（去籽）……1根
昆布（5公分正方）……1片

作法

1 將高麗菜清洗乾淨放在漏勺上瀝乾水份，然後切成一大口的大小（如圖❶）。菜芯切成薄片。

2 將切好的高麗菜放入有封口的塑膠袋裡，加入鹽巴並搖動塑膠袋，讓鹽分佈均勻，然後從塑膠袋外部施力揉捏（如圖❷）。

3 加入辣椒和昆布。

4 將袋口略略鬆開，用手擠壓，使空氣釋出（如圖❸）。

利用吸管可以把空氣擠得更乾淨（如圖❹）。

把空氣擠乾淨了，即使不用重量石加壓也可以讓鹽佈滿每一片高麗菜，達到充份醃漬的效果。常溫下放置一個晚上就可以吃了。要吃的時候稍微把水份擠乾，用容器裝盛。

小提醒

❖醃漬好後放入冰箱保存，一個禮拜以內吃完。

❖將高麗菜切成細絲，加入月桂葉和葛縷子來代替昆布，在常溫下放置五到六天使其發酵，就成了德式酸菜（德文：SAUERKRAUT）。把它拿來和香腸或肉一起拌炒就是一道美味佳餚。

❖編注：日本的高麗菜盛產約在4至5月間。台灣的高麗菜可種植2至4期，故幾乎一年四季都可以購得；1至3月為平地高麗菜盛產，而6至10月為高山高麗菜盛產。

1

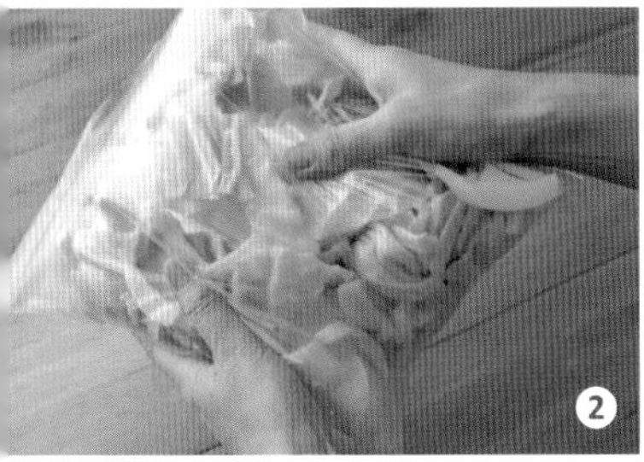
2

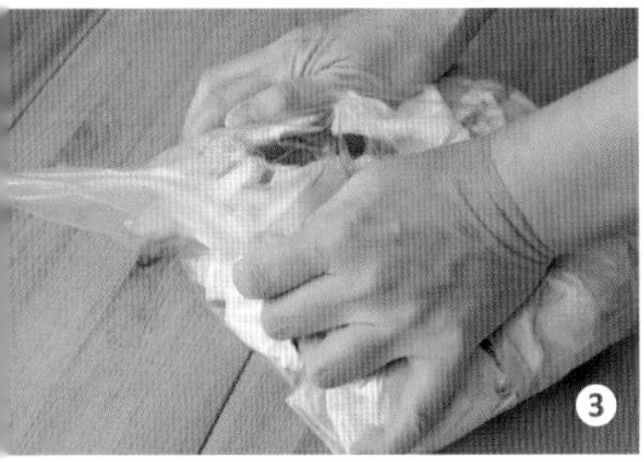
3

4

日式淺漬高麗菜的應用

檸檬淺漬高麗菜

加入檸檬更添輕爽。

材料與作法

1 ½顆的檸檬削一層薄薄的皮，切成大約1～2公分的寬度。再將檸檬對半切開，擠出大約一匙的檸檬汁。

2 在½顆份量的日式淺漬高麗菜中加入步驟**1**的檸檬汁和檸檬皮，放置三十分鐘至一個小時的時間使其入味。

用來下酒也很可口。

蕗薹味噌

最先傳遞春天到來的消息。院子裡的淡紫色花蕾一冒出頭來就趁早將它摘下，做成蕗薹味噌。

將熬煮出燦爛光澤的蕗薹味噌放入有蓋的容器裡以免香氣流失，要吃的時候就著溫熱的米飯一點一點地品嚐。芳香中略帶苦澀的味道在口腔擴散，四季的幸福滋味值得您細細咀嚼。

材料（方便製作的量）

- 蕗薹……………5個（50克）
- 沙拉油…………1小匙

A

- 味噌……………100克
- 酒………………1大匙
- 味醂……………4大匙
- 砂糖……………4大匙

作法

1 將蕗薹仔細清洗乾淨後放在漏勺上。（蕗薹是蜂斗菜的花苞，是日本很喜歡且常吃、味道絕美的一種野菜）

2 將材料**A**先混合均勻。

3 將蕗薹切成碎末，在預熱好的鍋裡倒入沙拉油，開中火翻炒。蕗薹切碎後一接觸到空氣就會變黑，所以要儘快處理。

4 當蕗薹全都裹上油後加入步驟**2**的調料，一邊用木刮勺拌勻一邊轉至小火慢慢熬煮約十分鐘。

一邊攪拌一邊熬煮，當熬煮到像右圖那樣可以劃出線條的時候就關火，然後繼續攪拌使溫度下降，直到不會燙手爲止。

味噌一旦冷掉之後就會變硬，所以攪拌起來感覺還有點鬆軟的時候就可以停手，這是最剛好的完成狀態。

小提醒

❖冷卻後放入有蓋的容器中置於冰箱內保存可以享用兩個禮拜。

❖也可以做為田樂味噌（燒烤佐料的一種）用來搭配燉蘿蔔或豆腐，或是塗在麵筋上烤著吃，都是可口的時令美味。

❖編注：蕗薹又稱為蜂斗菜，台灣很少見，這種特別的蔬菜長得像小花，通常在日本初春時從地面探出頭來。日本人通常會把蜂斗菜的花莖油炸做成天婦羅，味道帶微微苦味。

可以完整享用蕗薹的兩道料理。

伽羅蕗及蕗薹葉佃煮

伽羅蕗的好滋味或許年輕人無法理會。我年輕時也沒那麼喜歡，但不知從何時開始，我愛上了這黑嚕嚕的佃煮。

之所以稱爲「伽羅蕗」是因爲它的顏色像一種名爲伽羅的香木一樣黑，重點在於長時間不斷地熬煮直至變成黑色爲止。使用新嫩蕗薹可不去皮直接製作。

製作伽羅蕗後剩下的葉子可以用來做成佃煮。有一次看到原本打算丟棄的葉子翠綠翠綠的，好像很嫩的樣子，於是試著把它做成佃煮，結果吃起來味道不輸伽羅蕗。我從蕗薹身上學到了友善環境的烹調法。

將蕗薹充份利用，一絲不剩。

【伽羅蕗】

材料（方便製作的量）

蕗薹……………750克
酒…………1杯
水…………1杯
醬油………¾杯
砂糖………2～3大匙（依個人喜好）
紅辣椒（去籽）……1根

作法

1 將蕗薹的葉子摘除，用菜瓜布擦掉表皮的絨毛和髒污，仔細清洗乾淨。

2 將步驟**1**的材料切成4～5公分的長度，泡在水裡，放置約十分鐘左右後撈起，放在漏勺上瀝乾。

3 將步驟**2**的材料放入鍋中，加入辣椒、酒、水和半份的醬油後開火，沸騰後蓋上鍋中蓋，轉至小火慢慢熬煮。在過程中依次將剩餘的醬油加入，每次少許。當湯汁煮到剩下三分之一時加入砂糖，然後繼續熬煮約兩個小時，直到湯汁收乾爲止。完成後放置一個晚上。

4 隔天會再滲透出一些水份，這時再添加少量的水（額外），蓋上鍋中蓋，開小火將湯汁煮到乾（如左上方的照片）。

小提醒

❖放涼後裝入密閉的容器中。放入冰箱可以保存兩個禮拜。

【蕗薹葉佃煮】

材料（方便製作的量）

蕗薹葉……………1把
高湯………½杯
酒………½杯
醬油………1又½大匙
砂糖………½小匙
梅子乾………1顆
鰹魚片………1包

作法

1 將葉子清洗乾淨放用滾水中稍稍汆燙一下，再瀝乾水份。將蕗薹葉疊在一起按著葉脈切成2～3等份，再切成細絲。

2 將步驟**1**的水份輕輕擰乾後放入鍋中，加入高湯、酒、醬油、砂糖以及掰碎的梅子乾，開小火慢慢熬煮，煮到湯汁差不多完全收乾爲止（如右下方的照片）。大約二十分鐘。

煮好的時候灑上鰹魚片再拌炒一下，更添美味。

小提醒

❖放涼後裝入有蓋的容器中放入冰箱保存。大約一個禮拜要吃完。

❖編注：佃煮つくだに是指用糖和醬油調製成湯汁，將食材熬煮到味道很重、易於保存的傳統日本料理方法。

蕗薹葉佃煮馬上就完成了。

飯吃得太多了，真傷腦筋。

5～6月

山椒小魚

青山椒（山椒的果實）的季節很短暫，僅僅在每年五月底到六月中旬採收得到。京都人會用鹽醃漬，或是用醬油熬煮保存，用來做爲烤魚或煮魚時的香料，或和昆布一起燉煮，是一年到頭都會用到的珍寶。

其中，山椒小魚尤其在近年來大受歡迎。含在口中，讓舌頭發麻、彷彿不停跳舞的青山椒搭配新鮮小魚乾的鬆軟口感，是讓人欲罷不能的絕妙風味。挑一些放在溫熱的米飯上，不論幾碗都吃得下。

在這個時期可以多煮些青山椒放入冷凍庫保存，之後隨時都可以製作山椒小魚。

材料（方便製作的量）

- 小魚乾……………100克
- 青山椒（煮過的）…………3大匙
- 酒…………½杯
- 味醂……1又½大匙
- 醬油…………1又½大匙

使用嫩的青山椒口感綿軟。
也可以連著細莖直接煮！

作法

【水煮青山椒】

1 青山椒挑除枝梗，取200至300克，用水清洗（如圖❶）。用鍋子將足夠的水煮滾後加入青山椒，當再次沸騰時將青山椒倒在漏勺上瀝乾。這個動作反覆進行三次。

2 用足夠的熱水開偏弱的中火熬煮青山椒七至十分鐘，煮到青山椒差不多能用指腹壓破的程度（如圖❷）。

熬煮青山椒所需的時間會因爲採收的時期不同而有差異，所以一定要用手指按壓看看。

3 倒在漏勺上，再放入水裡浸泡約一個小時左右（如圖❸）。過程中更換兩到三次的水。

小提醒

❖水煮過後的青山椒用紙巾將水份完全吸乾後放入保存袋中，置於冷凍庫保存。保存期間為一年。也可以用它來做成佃煮（第70頁）。

【製作山椒小魚】

1 將小魚乾用水大略清洗一下，倒在漏勺上瀝乾。

2 在鍋裡加入酒、味醂、醬油後開火煮至沸騰。加入小魚乾，開小火熬煮約三分鐘左右，過程中不時地將浮沫撈除（如圖❹）

當湯汁熬煮到剩下1/4左右的量時加入青山椒，再煮個五分鐘左右。這個階段如果太早加入青山椒會讓其翠綠的顏色變得暗淡，而且果實也容易破裂，這一點要多留意。

3 當湯汁越煮越少的時候，不時用湯匙把集中在鍋子中間的湯汁舀起淋在邊邊，直到湯汁煮到收乾爲止（如圖❺）。

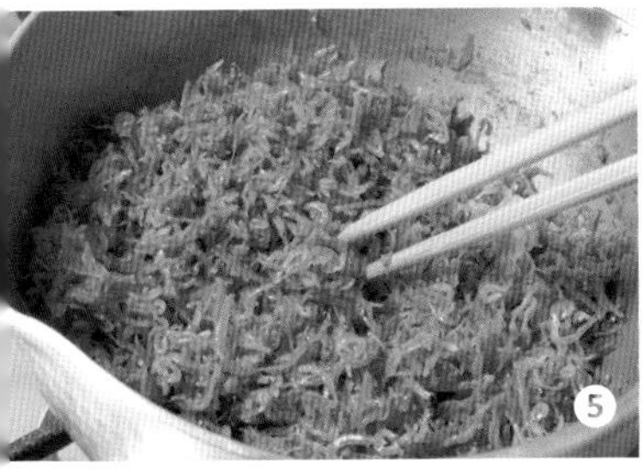

小提醒

❖青山椒煮好後攤在方型的托盤上晾乾水份，冷卻後裝入容器內保存。放入冰箱可以保存兩週。

❖編注：青山椒台灣沒有生產，較難購買到新鮮的，大部分都是調味品或是醃漬山椒。

山椒佃煮

5～6月

煮好的青山椒加入酒、醬油和味醂熬煮就是佃煮。

先做起來備著，用來搭配鰻魚飯會好吃到令人停不下來，煮魚類或貝類時加幾顆還可以去腥、增鮮，發揮調味的效果。山椒也有防腐的作用，所以也推薦做爲梅雨時節的便當菜色。

材料（方便製作的量）

青山椒……200克
（煮過的，請參考第68頁）
酒……6大匙
味醂……2大匙
醬油……6大匙

作法

1 在鍋中放入青山椒、酒、醬油和味醂，小火熬煮十分鐘左右。倒在漏勺上，將青山椒和湯汁分開。

2 將湯汁倒回鍋中，開火熬煮，煮到湯汁變穠稠時將青山椒倒回鍋裡繼續煮，煮到湯汁收乾。

小提醒

❖冷卻後裝入容器內放入冰箱保存。保存期間為一年。

鰻魚（星鰻）飯。

鰻魚飯

米飯煮好後只要拌入切成細條狀的鰻魚和青山椒，就是一道可以用來款待客人的丼飯料理。

材料與作法（四人份）

1 將2～3條切好的烤鰻魚片（淨重100克）放入耐熱容器裡包上保鮮膜放入微波爐加熱四十秒左右。

2 在煮好的四人份白飯中拌入鰻魚和2大匙的山椒佃煮，若嫌味道不夠的話可以添加烤鰻魚附的湯汁拌勻，用容器盛裝。

鮪魚時雨煮

也可以使用切成塊狀的鰹魚或是蒸扇貝等海鮮來製作。

材料與作法（四人份）

1 將切成塊狀的鮪魚或是生魚片專用的生魚條（500克）切成3公分的塊狀；拿一片生薑切成細絲。

2 鍋中倒入4大匙的酒和4大匙的味醂煮沸讓酒精揮發，之後加入水5大匙、醬油4大匙、砂糖2大匙，沸騰後將鮪魚攤平擺在鍋中不要疊放（鍋子要選用可以將鮪魚並排放入的大小）

煮沸後快速撈出浮沫，灑上薑絲和2小匙的山椒佃煮，蓋上鍋中蓋，開偏弱的中火熬煮約五分鐘左右。

3 拿掉蓋子繼續熬煮，不時地翻動讓湯汁慢慢收乾。

小提醒

❖放入冰箱保存，三到四天要吃完。

❖編註：時雨煮しぐれに是傳統的日本料理方法，是從佃煮發展而來。不同的是會加入大量薑絲，因此甜中帶鹹的口味中還飄著薑的清香。

鮪魚時雨煮。

左邊是剛醃漬好的成品。經過一段時間後會像右邊那樣顏色變得較深。

4〜7月

甜醋醃蕗蕎

蕗蕎咬起來咔嗞咔嗞地口感豐富。在以前我都是先用鹽醃過後再用糖和醋醃漬，但後來發現不先用鹽醃漬做出來的成品也很美味，所以現在我都這麼製作。

蕗蕎要選擇還帶有泥土、尚未發芽的那種，一買回來後就要趕快處理。因為蕗蕎的生命力很強，如果放著不用，很快就會發芽，品質就不好了。

市面上常見的是洗過後拿出來賣的蕗蕎，這種蕗蕎醃漬出來的成品容易因爲含有水份而變得鬆軟，吃起來口感不佳。

蕗蕎要選用帶著泥土、沒有發芽、顆粒飽滿的品相。

材料（方便製作的量）

蕗蕎……1公斤（淨重800克）

甜醋汁

醋……2杯

水……1杯

砂糖……200克

鹽……2大匙

紅辣椒（去籽）……1～2根

作法

1 用流動的水將蕗蕎上的泥土和髒污仔細清洗乾淨（如圖❶）。

2 將洗好的蕗蕎放在漏勺上晾乾，在貼近根部的地方把根切掉（如圖❷）。如果根部切掉太多，製作出來的蕗蕎會帶水份，口感會變差。如果芽冒出來了就把芽切掉（如圖❸），保留一定的長度就好。

3 將外層的薄膜剝除（如圖❹）。有傷到的地方會容易腐壞，所以要把外皮剝掉直到蕗蕎變乾淨潔白爲止。

4 用紙巾一顆一顆地將蕗蕎的水份吸乾，然後放入保存容器中。

5 在琺瑯製或不鏽鋼製的鍋具裡倒入甜醋汁的材料，加熱使砂糖溶解，放涼後倒入瓶中（如圖❺）。

小提醒

❖醃漬約一個月左右，當蕗蕎沉下去時就可以吃了。

❖放入冰箱保存，六個月左右吃完。

❖編註：日本的蕗蕎盛產期約為5月下旬至6月下旬，台灣為4至7月。

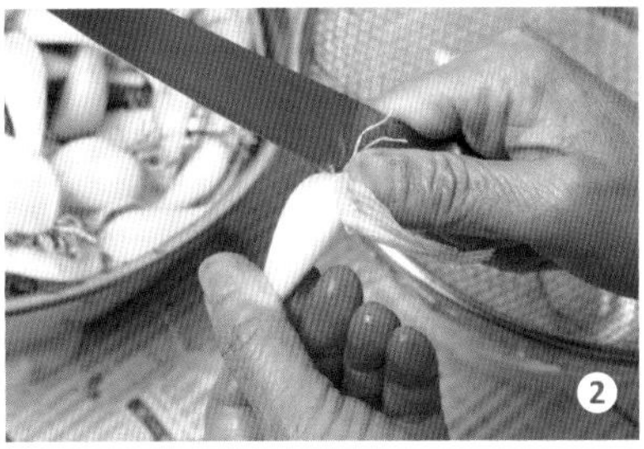

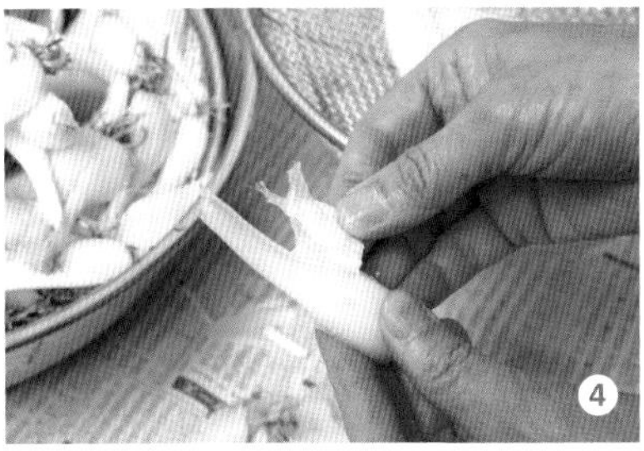

蕗蕎炒麵

蕗蕎沙拉

小提醒

❖除了咖哩以外，也可以善用蕗蕎做為調料。在炒麵（如上方照片）或炒好的料理上放上切成薄片的蕗蕎，會讓料理的風味更添酸甜滋味。

❖另外，在沙拉裡加入蕗蕎，會讓沙拉的口感更為爽脆（如下方照片）。將1顆番茄，1根小黃瓜以及8顆蕗蕎切成容易入口的大小，然後淋上醬汁（鹽1/4小匙，醋1/2大匙，橄欖油1大匙）。

❖也可以用它做為南蠻漬的調味。把蕗蕎切成薄片後裝在小碟裡配著吃，味道更清爽，更溫和。

鹽醃蕗蕎

4～7月

蕗蕎單單用鹽醃漬也能呈現簡單的美味。沒有甜味的蕗蕎更適合用來下酒。

材料（方便製作的量）

蕗蕎……1公斤（淨重800克）
鹽……50克（蕗蕎重量的5%）
紅辣椒（去籽）……1～2根
淡鹽水……1/2～3/4杯

作法

1 將準備好的蕗蕎（請參照第73頁的作法1～3）用紙巾將水氣充份吸乾，放入保存食物的瓶子裡（如圖❶）。

2 加入鹽和辣椒後搖晃瓶身，讓蕗蕎均勻沾附調料（如圖❷）。

3 加入淡鹽水（讓鹽更容易浸透食物）（如圖❸），蓋上瓶蓋存放在陰涼的地方。每天搖動瓶身數回，讓每一顆蕗蕎都能充份醃漬。

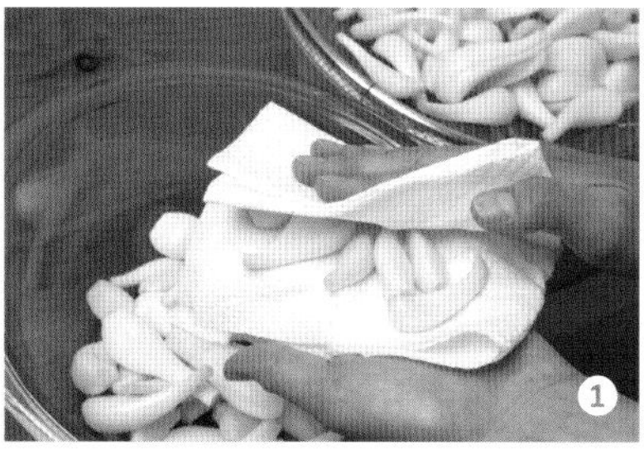

小提醒

❖出水後最好是放入冰箱內保存。這時候的蕗蕎口感最好。

❖醃好的蕗蕎可以食用兩到三週。如果放入冰箱，大約能保存三個月的時間。

❖醃漬過程中產生的氣體會囤積在瓶中，所以要不時打開瓶蓋，讓氣體釋出。

11～5月

四季豆泡菜 什錦泡菜

顏色天然、賞心悅目的漬物也是廚房的一種裝飾。

形狀細長、口感軟Q的四季豆泡菜非常美味。它可以用來搭配肉類的料理，加在沙拉裡也很有增色的效果。

混合多種蔬菜的泡菜色彩豐富，用盤子裝盛就是一道替代沙拉的料理。三餐蔬菜攝取不足時，它就是強而有力的後盾。

【四季豆泡菜】

材料（方便製作的量）

- 四季豆……500克

泡菜汁

醋……2杯
水……1杯
砂糖……4大匙

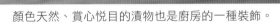

鹽……1又½大匙
月桂葉……1片
紅辣椒（去籽）……1根

作法

1 將泡菜汁的材料倒入鍋中開火加熱，待砂糖和鹽溶解後關火，放涼。

2 取足量的水用鍋子煮沸，加入少許的鹽（額外），放入四季豆稍微煮一下，再倒在漏勺上瀝乾（如上方照片）。

3 四季豆冷卻後放入乾淨的保存容器裡，倒入泡菜汁。

小提醒

❖放入冰箱保存。醃好的隔天就可以吃了，可以吃上三個月左右。

❖編註：台灣幾乎一年四季都能吃到四季豆，主要盛產為春、秋兩季，約11至5月。日本的四季豆盛產季大約為6至7月。

【什錦泡菜】

材料（方便製作的量）

小洋蔥……10顆
紅蘿蔔……1根
西洋芹……2根
蒜頭……1瓣
（所有的蔬菜淨重450克）

泡菜汁

醋……2杯
水……1杯
砂糖……4大匙
鹽……1又½大匙
黑胡椒粒……1小匙
月桂葉……1片
紅辣椒（去籽）……1根

作法

1 小洋蔥去皮，紅蘿蔔和西洋芹切成滾刀塊。

2 製作泡菜汁，製作方法與泡四季豆用的泡菜汁製作方法相同。

3 在乾淨的保存容器裡放入步驟**1**的蔬菜和蒜頭，倒入泡菜汁，讓汁液覆蓋食材。

小提醒

❖放入冰箱保存。醃漬約四到五天即可食用，可以吃三個月左右。

❖若使用密封袋製作，泡菜汁的用量只需一半。把空氣擠壓掉後可以在短時間內醃漬入味，吃起來有沙拉的口感。如果只是醃漬少量的蔬菜，使用這個方法更為方便。

❖封面上的泡菜加入了黃色的甜椒。

醃漬兩個月後。

將甜醋醃谷中生薑插在瓶中，也是初夏時分的視覺饗宴。

甜醋醃谷中生薑（葉薑）甜醋醃嫩薑

5～10月

每年六月到七月的時節，在市面上可以看見帶著葉子呈現淡紅色的谷中生薑。

我們家都是留著莖幹直接拿來用糖和醋醃漬，然後插在杯中擺放在餐桌上，不論是直接拿來啃或是搭配烤魚都能享受到初夏的滋味。

谷中生薑一碰到熱湯就會瞬間染成粉紅色，所以又被稱爲「HAZIKAMI」（日文：はじかみ，意思是害羞鬼）。眞是令人莞爾的暱稱。

甜醋醃嫩薑（上面照片的左側）就是壽司店裡常吃的嫩薑片。它放入冰箱可以保存三個月的時間，所以平時可以預先做好，需要時用來當做壽司、炒麵或是大阪燒等料理的配料都很方便。

不過，隨著時間越放越久，薑本身的粉紅色會漸漸發黃。

【甜醋醃谷中生薑】

材料（方便製作的量）

谷中生薑……30根
醋……1杯
砂醣……4大匙
鹽……1小匙

作法

1 將谷中生薑的葉子摘掉，莖幹留20公分左右，將根部根薑部份的皮薄薄削去一些。

2 將醋、砂糖和鹽充份混合均勻，使砂糖和鹽完全溶解後倒入瓶身較長的瓶子裡。

3 在深鍋中倒入充足的水煮沸，用手抓著谷中生薑的莖部，將其根部約5公分左右的部份泡進沸水裡，約三十秒後直接拿起來（如照片）。一拿出來後直接放入步驟**2**裝有甜醋汁的瓶子裡醃漬。

小提醒

❖醃好後可以立即食用。如果時間太長會醃漬得太過，薑會變得過軟，所以最好在一個月內吃完。

❖編註：谷中生薑盛產於日本谷中一帶，是葉薑的品種之一。吃起來清脆爽口，口感接近嫩薑。台灣嫩薑盛產期約為5至10月。

❖甜醋醃嫩薑冷藏可保存三個月。

【甜醋醃嫩薑】

材料（方便製作的量）

嫩薑……300克（淨重260克）
醋……1杯
砂醣……5大匙
鹽……½大匙

作法

1 將嫩薑的皮薄薄削去一層，順著纖維切成薄片（如左下的照片）。

2 將醋、砂糖和鹽充份混合均勻，砂糖和鹽完全溶解後倒入保存容器裡。

3 在鍋中將水煮沸，將生薑在沸水中快速燙一下。用漏勺撈起，立刻將水份擰乾，趁熱放入步驟**2**的容器中。

小黃瓜泡菜

4～11月

夏天的樂事之一就是可以買到成堆的新鮮現採黃瓜。在這時正值產季的時節，請奢侈地選購形狀細長、外觀漂亮的小黃瓜，整條直接拿來醃漬吧！

只要用鹽醃漬一晚，隔天再用甜醋汁醃漬就可以長時間保存了。

先把小黃瓜醃好備用，之後就可以拿來搭配開胃前菜或是三明治，而且隨時都可以用來製作塔塔醬，眞是太棒了。

不過……，雖然製成醃漬黃瓜的確可以保存很久，但我不喜歡醃得太久變得沒有口感。我還是喜歡醃好之後的三個月內，趁著咬起來口感還脆脆的時候吃。

調味部份我用的是水煮的青山椒（請參考第69頁），不過大家可以依個人喜好加入胡椒、蒜頭或是生薑等等。市面上販售的醃漬用香料已經混合了各種香料，用起來很方便。

請趁著口感還未變軟的時候吃。

材料（方便製作的量）

小黃瓜……20根
粗鹽……3大匙

泡菜汁
醋……2杯
水……1杯
砂糖……3大匙
鹽……1/2大匙
青山椒（水煮）……1大匙
紅辣椒（去籽）……1根
月桂葉……2片

作法

1 將小黃瓜清洗乾淨，表面均勻搓上粗鹽後用重量石壓上半天的時間（約六到七小時）。排放入保存袋內，放在托

盤上（如第80頁下方照片）再壓上重量石，會讓小黃瓜醃得更均勻，更快速。

2 將泡菜汁的材料放入鍋中開火加熱，待砂糖和鹽完全溶解後關火，放涼。

泡菜汁基本上是醋與糖以2比1的比例調合而成，砂糖部份則可依個人喜好增減。

3 將用鹽醃漬過的小黃瓜放在漏勺上將水氣充份晾乾，之後裝入乾淨的瓶子裡，再將泡菜汁慢慢倒入，直到蓋過小黃瓜爲止。

小提醒

❖ 醃好的第二天就可以吃了。若小黃瓜一直都完全浸泡在汁水裡，放冰箱差不多可以保存三個月的時間。

❖ 編註：台灣一年四季都產小黃瓜，4至11月則是盛產期。日本的小黃瓜盛產期約為6至9月。

先做起來備用
最是方便。

小黃瓜泡菜的應用

塔塔醬

不論是嫩煎魚排、奶油烤魚、炸蝦或是酥炸牡蠣，只要搭配上塔塔醬就會變成一道豐盛的料理。

材料與作法（方便製作的量）

切成碎末的洋蔥3大匙（用水泡過，再用力擰乾），切成碎末的洋香菜1大匙，切成碎末的水煮蛋1顆，切成碎末的小黃瓜泡菜3大匙

將所有的材料放入大碗中，拌入½杯的美乃滋，再加入少許的檸檬汁調味。

醃黃瓜條
醃脆瓜

用鹽、昆布和辣椒醃漬而成的料理可以靈活應用。除了小黃瓜之外，蘿蔔或蕪菁醃起來也很美味。油菜花快速汆燙一下再拿來醃也不錯。當餐桌上還缺一道蔬菜料理的時候，這些醃菜就可以方便地派上用場。

三天左右就可以入味，四到五天就可以吃了。一開始的時候味道會有些衝，但漸漸地它的味道會變得溫潤柔和，享受滋味變化的過程也是一種樂趣。

醃脆瓜是最適合下飯的美味。自己花工夫做出來的醃脆瓜比市面上販售的鹽份更少，放久了也不會死鹹，吃起來更可口。

【醃黃瓜條】

材料（方便製作的量）

小黃瓜……5根（500克）
鹽……½大匙
昆布（5平方公分）……1片
紅辣椒……1根

作法

1 將黃瓜皮上的斑點削掉。

2 將步驟**1**的小黃瓜放入有封口的塑膠袋中，灑入鹽，從塑膠袋的外側搓揉。之後加入昆布和辣椒，把空氣擠掉，把封口封緊（如右上照片）。夏天要放入冰箱醃漬，若是其他季節就放置在常溫下進行醃漬，之後再放入冰箱保存。

小提醒

❖醃漬完成後可以馬上食用，但放個兩到三天會更入味，更好吃。約四到五天內吃完。

【醃脆瓜】

材料（方便製作的量）

小黃瓜……5根（500克）
鹽……5克（小黃瓜重量的1%）

醃漬汁

醬油……3大匙
酒……2大匙
砂糖……3大匙
醋……1大匙
生薑（切成絲）……1片
辣椒（切成小圈圈）……1根

作法

1. 將小黃瓜橫向切成1公分厚的小段，放入塑膠袋中，灑鹽，靜置三十分鐘左右。
2. 將醃漬汁的材料倒入鍋中開火煮至沸騰。
3. 將步驟1的小黃瓜擦乾水份，加入鍋中。
4. 邊煮邊拌，讓所有的小黃瓜都沾附到汁液，煮兩分鐘左右。之後關火，放涼。
5. 步驟4的材料冷卻後倒在漏勺上過濾，然後將湯汁倒回鍋中熬煮，直到湯汁的量煮到剩下一半爲止。接著再將小黃瓜倒回鍋裡（如左側照片）拌勻，再煮一下。
6. 放涼後放入冰箱裡靜置一晚。這個過程會讓小黃瓜呈現爽脆的口感。
7. 把湯汁瀝乾讓小黃瓜不會變得死鹹，之後裝在保存容器內放入冰箱裡保存。

小提醒

❖ 一個禮拜左右吃完。

醃黃瓜條

醃脆瓜

5～7月

辣椒葉佃煮

趁辣椒的果實還未變紅之前把葉子摘下來做成佃煮。它獨特的辛辣和味道是令人上癮的美味。

辣椒葉在一般的蔬果店不容易買到，請到農家或產銷班找找吧！

材料（方便製作的量）

辣椒葉……1把（淨重150克）
酒……3大匙
醬油……2大匙

作法

1 將辣椒葉的葉子摘下來（如下方照片）仔細清洗乾淨後放在漏勺上晾乾。

2 在鍋中放入足量的水煮沸，放入辣椒葉快速汆燙，然後倒在漏勺上，再將水份輕輕擰乾。

3 在鍋裡倒入酒和醬油，放入辣椒葉開火煮沸，沸騰後轉小火，放上鍋中蓋熬煮十分鐘左右。過程中上下翻動兩次。

4 將鍋中蓋取出繼續熬煮，直至湯汁收乾爲止。

小提醒

❖裝在附蓋子的容器裡放入冰箱可以保存兩到三週。

❖留在枝梗上的青辣椒用味噌或醬油醃漬也很可口哦！（請參考第120頁）

❖編注：台灣的辣椒最適合的採收期為5至7月，日本則為6至7月。辣椒葉則是藥食兩用的植物。

6~8月

青椒佃煮

將成堆的青椒做成佃煮。便宜又美味的青椒做成的小菜可以完整地保留住青椒的營養成份。

材料（方便製作的量）

青椒……500克
芝麻油……1大匙
酒……3大匙
味醂……1大匙
醬油……2大匙

作法

1 將青椒縱切成半，把蒂頭切掉，去除種籽，放在陰涼處風乾半天（如下方照片）。

2 再把青椒從側面對半切開，在鍋中倒入芝麻油加熱，開小火翻炒，讓所有的青椒都裹到油，之後加入酒、味醂和醬油，放上鍋中蓋熬煮十分鐘左右。

3 青椒煮軟之後把鍋中蓋取出，開中火繼續熬煮到水份收乾爲止。

小提醒

❖裝入附蓋子的容器中放進冰箱可以保存一個禮拜左右。

❖編注：台灣一年四季幾乎都可以購買青椒，6至8月則是盛產期。日本的盛產期也為6至9月。

紫蘇漬

3～8月

我很愛吃紫蘇漬，但市面上販售的產品對我來說口味大多偏酸，所以我自己研究了酸度較爲溫和的做法。做出來的紫蘇漬吃起來像沙拉一樣，可以當成夏季蔬菜放心地吃。

材料（方便製作的量）

- 茄子……1～2條
- 小黃瓜……3根
- 茗荷……3顆
- （全部蔬菜淨重500克）
- 鹽……15克（蔬菜總重的3%）
- 紅紫蘇葉……50克（淨重）
- 鹽……10克（紅紫蘇葉重量的20%）
- 味醂……2大匙
- 醋……2大匙

作法

1. 將茄子的蒂頭去掉，從中間橫向對半切開，再以縱向採放射狀切成六等份，接著泡在水裡十分鐘左右。將小黃瓜切成5公分長，再從縱向切成四等份，茗荷縱向切成六等份（如圖❶）。
2. 將步驟1的材料入塑膠袋內，灑鹽，用比蔬菜重好幾倍的重量石施壓兩到三個小時，直到出水爲止（如圖❷）。

紫蘇美麗的色彩讓人胃口大開。

3 將紅紫蘇的葉子從枝梗摘下來，泡在水裡十分鐘左右，洗去髒污（如圖③）。紫蘇葉上會沾附一些眼睛看不到的灰塵，所以一定要仔細清洗。

4 將紫蘇葉擦乾後放入大碗裡，用一半份量的鹽塗抹搓揉（如圖④），然後將產生出來的汁液倒掉，將葉子擰乾（如圖⑤）。再將葉子放回碗中，用剩下的鹽搓揉，把生出的汁液充份擰乾。

5 在大碗裡將步驟**4**的材料加入味醂和醋混和均勻，然後用筷子將紫蘇葉撥開（如圖⑥）。只要在這個步驟確實將紫蘇葉撥開來，醃好的蔬菜顏色就會很平均。

6 將步驟**2**的蔬菜充份擰乾（擰乾後大約剩400克左右），放入塑膠袋中（如圖⑦）。加入步驟**5**的材料充份拌勻，擠掉空氣後封口，用和蔬菜重量相等的重量石壓在上方，在常溫下放置兩到三天，使其發酵（如圖⑧）。在過程中不時上下翻轉，讓所有的蔬菜都醃漬均勻。當塑膠袋膨脹起來時就完成了（如圖⑨）。

如果是用瓶子醃漬就可以很明顯地看到泡泡產生，所以會更能察覺發酵的狀態（如圖⑩）。

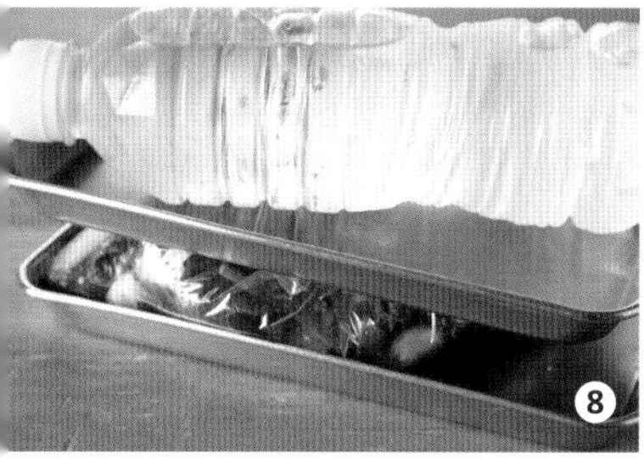

小提醒

❖這個醃漬方法所使用的鹽量是蔬菜份量的3%，所以即使放入冰箱保存也要在一個禮拜左右吃完。如果把鹽量增加到蔬菜份量的5%就可以更耐存放，做出來的成品顏色也會更加豔麗。

❖編注：台灣的紫蘇葉盛產約為3至8月，日本約為6至8月。

芥末醃茄子

5～11月

在茄子和黃芥末中加入酒粕是美味的關鍵。

材料（方便製作的量）

茄子……5條
鹽……15克（茄子重量的3％）

醃漬的調味料

酒粕……50克
黃芥辣醬……1大匙
砂糖……2又1/2大匙
薄鹽醬油……1小匙
味醂……1大匙
鹽……少許

作法

1 將茄子的蒂頭去除，切成滾刀塊，之後泡在水裡約十分鐘左右，去除苦澀的汁液。將水份充份瀝乾後放入塑膠袋裡，加鹽，搖晃整個袋子，讓鹽均勻佈滿所有的茄子，然後擠出空氣，封住袋口，用比茄子重好幾倍的重量石壓著，在冰箱裡靜置一晚。

2 在塑膠袋裡放入酒粕，不包保鮮膜直接放入微波爐裡加熱約二十秒。

3 稍稍放涼後加入黃芥辣醬、砂糖、薄鹽醬油、味醂和鹽充份混合均勻，直到看不到酒粕的顆粒爲止。

4 當步驟**1**的茄子生水後把它倒在漏勺上瀝乾水份，再用紙巾擦乾。

5 放入塑膠袋中加入步驟**3**，然後充份混合均勻。

小提醒

❖請放入冰箱保存。醃漬半天左右即可食用，一個禮拜內吃完。

❖用芥末粉代替黃芥辣醬來製作，辣度會更為突顯，做出的成品顏色也會更美。

❖編注：台灣的茄子盛產約為5至11月，日本約為6至9月。酒粕和酒釀都是穀類加麴菌去發酵而成，若買不到酒粕則可以使用酒釀。

6～10月

甜醋醃茗荷

靠醋的神奇效果染上美麗的粉紅色彩。

材料（方便製作的量）

茗荷……15顆（300克）

甜醋汁

醋……1杯

水……½杯

砂糖……80克

鹽……½大匙

作法

1 將茗荷清洗乾淨放在漏勺上瀝乾水份，然後垂直對半切開。

2 在鍋中倒入甜醋汁的材料，開火加熱讓砂糖和鹽溶解後關火，放涼。

3 在鍋將充足的水煮沸，放入步驟**1**的茗荷，快速汆燙後用篩子撈起（如下方照片）。

4 趁茗荷尚熱的時候裝進乾淨的保存容器裡，然後慢慢倒入甜醋汁，直到倒滿爲止。

趁熱的時候醃漬比較容易入味，顏色也較爲鮮艷。

5 待完全放涼後蓋上蓋子放入冰箱內保存。

小提醒

❖兩個禮拜左右吃完。

❖茗荷是日本香辛菜類，台灣沒有生產。

醬油醃蕈菇

把各式各樣的蕈菇醃漬好備用，只要有它感覺就是豐盛的一餐。就著溫熱的米飯一起吃，或是做成蕈菇麵，或者蕈菇炒飯也行，隨時都可以享用不同口味的菜色。

比起水煮，用微波的方式加熱更能留住蕈菇的風味。

請選擇自己愛吃的菇類。

減肥人士喜愛的低卡洛里蕈菇。可以愛吃多少就吃多少。

材料（方便製作的量）

蕈菇（鴻喜菇、金針菇、舞菇、香菇等等）……總重500克（淨重）

醃漬汁

醬油……3大匙

味醂……1大匙

醋……1大匙

蒜頭（切成薄片）……1瓣的量

紅辣椒（去籽）……1～2根

作法

1 將蕈菇尾部的蒂頭切除。將鴻喜菇和舞菇掰成小朵，金針菇切成二到三等份的長再掰散，香菇切成5公分的厚度。

將全部的蕈菇放進耐熱的器皿中包上保鮮膜，放進微波爐裡加熱五到五分半鐘。

蕈菇會出水，這些汁液正是美味的精華。千萬別倒掉，留著備用。

2 在大碗裡放入醃漬汁的材料混合均勻，趁著步驟**1**的蕈菇還熱熱的時候倒進大碗裡拌勻。放涼後裝入保存容器中。

小提醒

❖醃漬好馬上就可以吃。放在冰箱裡可以保存一個禮拜。

蕈菇的魔力讓美味加倍。

醬油醃蕈菇的應用

蕈菇麵

快煮麵也可以變身成為高級的宵夜。

材料與作法（兩人份）

煮好的麵兩人份，高湯3杯，醬油3大匙，味醂2大匙，醬油醃蕈菇適量，切成細絲的青蔥¼根，七味辣椒粉少許

在高湯中加入醬油和味醂，加熱煮沸。在碗裡放入煮好的麵，倒入湯汁。將醬油醃蕈菇擺在上方，放上蔥絲，灑上七味辣椒粉。

冬季時蔬泡菜

11～3月

製作清爽又有口感的冬季時蔬泡菜。對蔬菜不足的冬天來說會很有幫助哦。

使用冬天時令的蕪菁和蘿蔔來製作也很不錯。加入甜椒或是紅心蘿蔔，醃好的泡菜顏色會更加美麗，看起來也更爲美味可口。把它當成常備菜隨時做好備用，用它來豐富日常的餐桌。

搭配像香腸這類重口味的肉類料理，不只顧及到營養，口味也能均衡，吃起來更美味。

泡菜汁的醋與水比例和前面的小黃瓜泡菜或什錦泡菜相同，都是二比一的比例。香料請依個人喜好添加。

材料（方便製作的量）

蓮藕……2段（250克）
白花椰菜……½顆（250克）
紅蘿蔔……1根（200克）
（蔬菜總共淨重600克）

泡菜汁

醋……3杯
水……1又½杯

砂糖……5大匙
鹽……2大匙
月桂葉……1片
黑胡椒粒（碾碎）……1小匙
紅辣椒（去籽）……1～2根
龍蒿……1小匙
丁香……2～3根
芥菜籽……1小匙

作法

1 蓮藕削皮，切成厚1公分的片狀，較粗的部份再對半切成半圓，在滾水裡加入醋和少許的鹽（額外）把蓮藕放入汆燙一分鐘左右隨即撈起，讓蓮藕保有爽脆的口感，再用流動的水沖去黏液。（如圖❶）將白花椰菜分切成小朵，紅蘿蔔切成較長的滾刀塊。

2 將泡菜汁的材料倒入鍋中，開火煮沸後放涼（如圖❷）。

3 將蔬菜放入保存的容器中，將泡菜液倒入，直到蓋過蔬菜爲止。

❶

❷

小提醒

❖醃好的隔天就可以吃了。

❖醃得太久會過酸，口感也會變得不好，所以最好在三個月之內吃完。此外，因為近年暖氣設備齊全，室溫也偏高，所以請放進冰箱保存。

❖編注：台灣的白蘿蔔盛產約為12至3月，蕪菁（大頭菜）約為11至2月。日本約為11至02月。

用來搭配香腸和肉類料理最是合適。

12〜3月

蘿蔔的四種醃漬品

天氣越寒冷，正值產季的蘿蔔也越甘甜、鬆軟。就用它來製作口感豐富的冬季特有醃菜。

【芥末醬油醃蘿蔔】

材料和作法

蘿蔔……1根（1公斤）、粗鹽……1又1/2大匙、A（醬油……5大匙、醋……2又1/2大匙、黃芥末醬……1大匙）

1 蘿蔔削皮，切成長4公分、厚1.5公分的條狀，放入大碗裡灑上鹽，再用盤子裝盛靜置兩個小時。

2 蘿蔔醃透後倒在漏勺上將水份充分瀝乾。在大碗裡放入A的調料混合均勻，放入蘿蔔醃漬入味。

當製作的量比較少的時候可以放進保存袋裡，少放些調料，把保存袋密封後放進冰箱醃漬。這樣做可以更快醃好。

小提醒

❖醃好後馬上就可以吃了，趁著口感好的時候兩到三天內吃完。

【米糠醃蘿蔔】

材料和作法

蘿蔔……1根（1公斤）、粗鹽……30克（蘿蔔重量的3%）、甜酒（煮軟的白飯……80克、酒麴……50克、水……150毫升）、A（砂糖……40克、鹽……1/2小匙、昆布……3平方公分一片、紅辣椒去籽……1/2根）

1 蘿蔔削皮後從中間橫切成兩段（可

以裝入容器的長度），再縱切成兩半。放入附夾鏈的塑膠袋中，灑入鹽，將空氣擠出，封緊袋口。用重量2公斤左右的重量石壓著，在室溫下放置三天左右，直到出水爲止。

2 蘿蔔即將醃漬完成的前一天著手製作米糠泥要用的甜酒。在電鍋的內鍋裡放入米飯和食譜份量的水，再加入掰散的酒麴。蓋上棉布，將電鍋的鍋蓋微微錯開約1公分左右的縫隙，設定保溫模式，保持在55~60度左右，過程中攪拌兩到三次，放置八到十小時。當米飯變得黏稠且甜香四溢時就完成了。放涼。

3 將步驟**1**的蘿蔔放進大碗裡，泡在充足的水裡兩個小時左右，去除鹽份。

4 製作米糠泥。在夾鏈袋裡放入步驟**2**的甜酒和材料**A**混合均勻。將步驟**3**的蘿蔔水份瀝乾後加入，然後擠出空氣，封好袋口，用重量較輕的重量石（約300克左右）壓著，放入冰箱中醃漬四到五天。

小提醒

❖兩個禮拜左右吃完。

❖編注：台灣的白蘿蔔盛產約為12至3月。

【燒酎醃蘿蔔】

材料和作法

蘿蔔……1根（1公斤）、**A**（粗鹽……1大匙、砂糖……80克、醋……2大匙）、燒酎……2大匙

1 蘿蔔削皮，尾端較細的部份直接切滾刀塊，根部附近較粗的部份縱切成四等份再切成大塊的滾刀塊。

2 在夾鏈袋裡放入蘿蔔和調料**A**後充份搓揉，接著加入燒酎後再搓揉，之後放入冰箱裡醃漬一天，過程中不時取出搓揉。

小提醒

❖一個禮拜左右吃完。

【脆醃蘿蔔】

材料和作法

蘿蔔……1根（1公斤）、切好的昆布……5克、**A**（醬油……2大匙、醋……2大匙、砂糖……1小匙、紅辣椒去籽……1根）

1 蘿蔔切成厚度約1~2公分厚的扇形，攤在竹篩上兩到三天風乾，直到變軟爲止。風乾的蘿蔔重量大約剩下200~250克。

2 在夾鏈袋中放入步驟**1**的蘿蔔、長度切成3~4公分的昆布以及調料**A**加以搓揉，在常溫下放置兩到三小時，之後放入冰箱保存。

小提醒

❖醃好之後放個兩到三小時就可以吃了，在兩個禮拜左右吃完。

整年

福神漬

有類似日式淺漬的風味而且保有爽脆的口感。

因爲是使用象徵七福神的七種蔬菜製成，所以叫福神漬。我們家也喜愛它充滿喜慶的名字，所以自父母那一輩起都是自己製作。

才做好的時候咬起來咔滋咔滋地像在吃沙拉一樣，過幾天入味後就變成像福神漬的可口風味了。

材料（方便製作的量）

- 茄子……2條
- 蓮藕……100克
- 紅蘿蔔……1根（150克）
- 小黃瓜……2根
- 白蘿蔔……300克
- 生薑……1片
- 花穗紫蘇……4～5株
- 鹽……蔬菜總重的3％
- 醋……2大匙

A

- 醬油……2/3杯
- 酒……2大匙
- 砂糖……5大匙

作法

1 將茄子、蓮藕、紅蘿蔔、小黃瓜等蔬菜切成扇形，白蘿蔔依粗細切成六至八等份後再切成薄片，生薑切絲，將紫蘇花穗從莖梗上捋下來，全部都放進大碗裡，灑鹽輕輕搓揉，待出水後靜置二十到三十分鐘。

所有食材變軟後將水份充份擰乾（如圖❶）。

2 在小鍋裡放入調料**A**煮沸，關火後加入放蔬菜的大碗裡。再大致攪拌一下，把蔬菜倒在漏勺上（如圖❷），將醃漬的汁水再回鍋煮沸。關火降溫後加醋。這樣醃漬用的汁液就完成了。

3 將蔬菜放入保存容器內，把放涼後的汁液倒入容器裡。

小提醒

❖放入冰箱保存，三天過後就可以吃了。可以保存一個月左右，不過取用的時候請注意要使用乾淨的湯匙，別讓雜菌跑進去了。

整年

香菇昆布

我們家都會把熬完高湯的昆布冰起來，回收利用做成香菇昆布。

材料（方便製作的量）

昆布（熬完高湯後）……400克
乾香菇……10朵
泡香菇的汁兑水……2杯
酒……1杯
醋……2大匙
醬油……1杯
味醂……2/3杯
砂糖……3/4杯

作法

1 乾香菇用一杯左右的水泡發，水份擰乾後採放射狀切成六等份。泡香菇的水留下來備用。昆布切成2～3公分的四方形。

2 在材質較厚的平底鍋裡加入昆布、香菇、香菇水和水，然後酌量加酒。如果昆布浮上來就是水量夠了。
　開中火煮沸後加醋，放上鍋中蓋，轉偏弱的中火熬煮四十分鐘。

3 昆布煮到變軟後加入1/2量的醬油和味醂，放上鍋中蓋熬煮約二十分鐘。之後把剩下的醬油、味醂以及糖加進去，放上鍋中蓋熬煮十分鐘左右，然後取出鍋中蓋，開中火把水份煮到收乾。當湯汁剩下一點時就可以關火了。

小提醒

❖裝入附蓋的容器裡放進冰箱保存，大約兩個禮拜左右吃完。

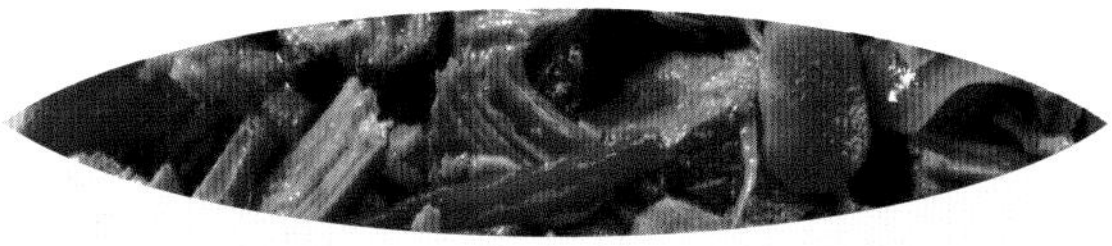

PART

3

肉類和魚類的保存食

醃烤鮭魚
醬油醃鮭魚卵

整年

適逢產季的鮭魚正是物美價廉的時候。多買一些做成醃烤鮭魚存起來備用吧！

剛烤好的鮭魚放入帶有橙香的汁液裡浸漬，放個四到五天就是下飯的美味小菜了。用手指大略掰開成小塊，搭配鮭魚卵拌在白飯裡就是鮮美可口的鮭魚親子飯。

【醃烤鮭魚】

材料（方便製作的量）

- 生鮭魚（魚肉塊）……6塊

醃漬的汁液

- 酒……½杯
- 味醂……½杯
- 醬油……½杯
- 紅辣椒（去籽）……1根
- 香橙……½顆

作法

1 製作醃漬的汁液。在小鍋裡放入酒、味醂煮沸，加入醬油和辣椒再滾一下，然後裝進較深的保存容器中。

2 將鮭魚切成兩到三塊，放在烤網上烤，將剛烤好的鮭魚埋入醃漬的汁液裡醃漬。將削成薄片的香橙皮放在上面。

小提醒

❖剛醃漬完成就可以吃了，放冰箱可以保存四到五天。

❖編注：台灣的鮭魚大多是進口，所以幾乎全年均可供貨。4至6月為日本人覺得是鮭魚的最佳賞味期，但秋鮭盛產期約為10月。

【醬油醃鮭魚卵】

生的鮭魚卵也就只有這個季節才買得到。就用新鮮的鮭魚卵來製作吧！

材料（方便製作的量）

生鮭魚卵……300克
酒……¼杯
醬油……¼杯
鹽……適量

作法

1 將生的鮭魚卵放入溫度50度左右的溫水中浸泡，剝散，將周圍的筋膜去除。將魚卵移到另一個裝滿水的碗中，在水中像是在摩擦魚卵一樣將薄膜去除。如果薄膜沒有去除乾淨會有腥臭味，所以要多換幾次水，仔細去除乾淨。

2 最後一次用含鹽量3％的鹽水清洗（回復顏色），倒在漏勺上瀝乾水份。

3 將酒煮沸，加入醬油再滾一下，然後放涼。將鮭魚卵浸泡在放涼的汁水中。

醃烤鮭魚和醬油醃鮭魚卵的應用

鮭魚親子飯

將醃烤鮭魚掰成幾小塊，大略與米飯混合一下，用碗盛裝，再將鮭魚卵和鮭魚鋪在上面，擺上切成細絲的香橙皮。也可以灑上海苔。

依各人口味也可以灑入少許的香橙皮，讓鹽辛的味道更溫潤。

整年

魷魚鹽辛

天氣一冷，魷魚也變得更加地甘甜可口。如果手邊正好有新鮮的魷魚，不妨拿來製作成鹽辛。

新鮮的魷魚顏色呈褐色，有透明度。如果買到了，不論如何請在當天著手處理。

比起市面販售的產品，自製鹽辛的鹽份含量少了許多。因爲這個緣故，魷魚的風味會更爲突顯，這對好酒人士而言眞的是難以抗拒的一道小菜。

不過，隨著放的時間長了，也有可能變得腥味較重。請趁它美味的時候好好享用吧！

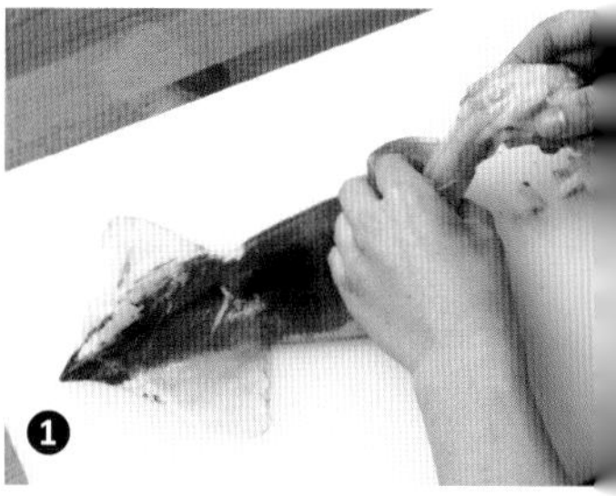

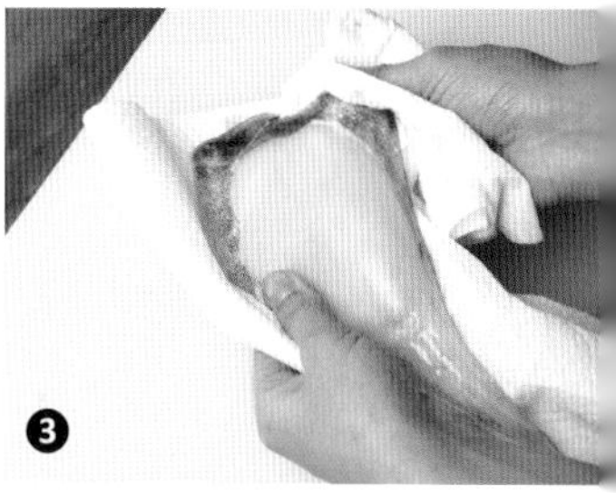

材料（方便製作的量）

魷魚……1尾（約450克）
粗鹽……1大匙加1小匙

作法

1 將魷魚用清水仔細清洗，將內臟和腳一起拔出（如圖❶）。

2 將腳切掉，將內臟中的墨線去除（如圖❷）。在內臟灑1大匙的鹽，然後用紗布包著，放進冰箱冰三十分鐘。

3 將魷魚身體末端的三角鰭去除，用紙巾將皮擦掉（如圖❸），用刀縱向劃一刀，再用紙巾將內側薄膜也擦掉，仔細清洗，再將水份擦乾。將魷身縱切成三等份，然後再橫向切成絲（如圖❹）。把魷魚鰭的表皮也剝掉，縱向切成兩等份，然後再橫向切成絲。把腳部的吸盤削掉，一根一根切開，再切成2～3公分的長短。

4 在乾淨的容器裡放入切好的魷魚絲，把包著紗布的內臟連同紗布一起放在上面，用刀劃開內臟（如圖❺）。

5 一面用紗布摩擦一面將內臟擠進容器裡（如圖❻），之後加入1小匙鹽，再充份拌勻。

6 蓋上蓋子放入冰箱裡，用免洗筷一天攪動兩次。

小提醒

❖兩到三小時後就可以吃了，從第二天算起差不多一個禮拜左右的時間要吃完。

❖編注：鹽辛是一種以魚類或貝肉等海鮮的肉、內臟，以總量約十分之一的鹽巴醃漬熟成的料理。鹽分使食材防止腐敗，而海鮮生物內臟的消化酵素和微生物會作用熟成特殊的風味。

❖編注：台灣捕撈魷魚的季節大約是每年的6至11月。

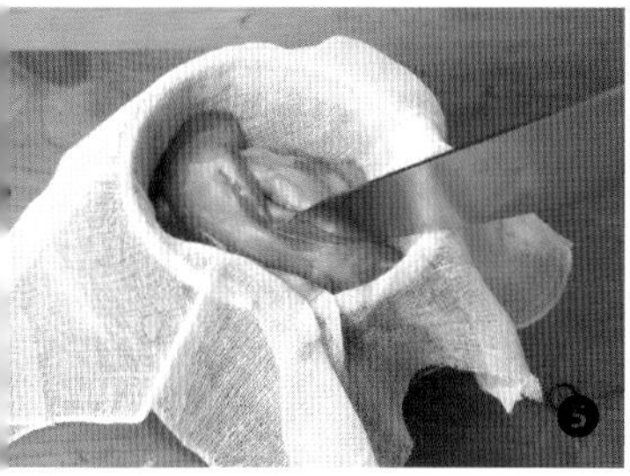

超級方便的一道料理。

整年

牛腱佃煮

牛腱是牛經常活動的部位，肉質較硬，不過如果經過長時間的熬煮就可以變得軟嫩，還可以將美味濃縮起來，成爲一道絕品的肉類料理。我們家都會一次做個1～2公斤備起來，再應用它做成各種不同的料理。

直接用手指將它掰開來當成下飯的小菜，或是和青龍椒或是青椒一起拌炒，輕輕鬆鬆就能做出一碗蓋飯。

如果是冬天，把它拿來和白菜、大蔥、蘿蔔一起燉煮，牛腱能發揮增味的效果，在短時間就可以完成一道滋味濃郁的燴菜。

如果是夏天可以用它當做蕎麥冷麵或是烏龍冷麵的配菜，此外，因爲它也很適合配飯，所以用它來包海苔壽司捲或是做爲三角飯糰的內餡，小朋友都很愛吃。

材料（方便製作的量）

牛腱肉……1公斤

A

酒……1杯
醬油……2/3杯
砂糖……6大匙
蒜……1瓣（20克）
生薑……1片（20克）
紅辣椒（去籽）……1～2根

作法

1 將蒜和生薑切成薄片。牛腱肉切成5公分的塊狀（如圖❶）。

2 在鍋裡將4杯的水煮沸，放入牛腱肉，再滾一下後撈去浮沫，轉小火，蓋上蓋子，大約燉煮兩個小時左右（圖❷）。

3 加入除了砂糖以外的材料**A**，將鍋蓋錯開來開點小縫，繼續煮五十分鐘左右。最後加入砂糖煮十分鐘左右（如圖❸），然後放涼，讓味道滲入肉裡。

放涼後用手先掰成大塊（如圖❹），連同滷汁一起保存起來（如圖❺）。

小提醒

❖因為佃煮已經經過充份地熬煮，所以比較耐放，但放在冰箱裡保存還是要在一個禮拜左右的時間內吃完。

牛腱丼

合適的配菜有青椒、細香蔥以及大蔥等。它也可以做為款待客人的一道料理。

材料（一人份）

牛腱佃煮……50克
青椒……1顆

作法

1 將青椒縱向對半切開，去除芯和籽，再切成兩等份。用手將牛腱肉掰成小塊放入鍋中，連同1小杯左右的牛腱滷汁一起加熱，將青椒加入輕輕混合均勻，蓋上蓋子續煮。

2 待青椒變軟後關火，淋在飯上。

牛腱燴白菜

只需在鍋裡放入牛腱肉和白菜即可。是一道不需要調味的簡單美味料理。連水也不用加，單單靠白菜的水份蒸煮即可。

材料（四人份）

牛腱佃煮……350克（使用上一頁做好的牛腱肉的一半份量）
白菜……½顆

作法

1 將白菜連芯縱切成兩到三等分的月牙形。

2 在材質較厚的鍋子裡放入牛腱肉和大約1杯量的滷汁，將白菜鋪在上方，蓋上蓋子，用偏弱的中火慢燉。在還沒有出水之前請留意不要燒焦了，用這種蒸煮的方式煮到白菜變軟爲止。

當白菜煮到入味，水份剩下一半左右就完成了。

小提醒

❖當牛腱肉和蔬菜一起煮的時候不用加水，直接利用蔬菜產生的水分來蒸煮。鍋子要選厚的，蓋子要有重量、壓得住的才合適。蔬菜選用容易出水的白菜、蘿蔔、大蔥等等。聖護院蘿蔔也很美味。

❖與下仁田町出產的大蔥一起煮，煮出的湯汁濃稠甘甜，是一道像壽喜燒一樣的可口佳餚。在鍋裡放入350克的牛腱佃煮和1杯左右的滷汁，上面鋪上切好的4根大蔥，用偏弱的中火蒸煮就可完成。

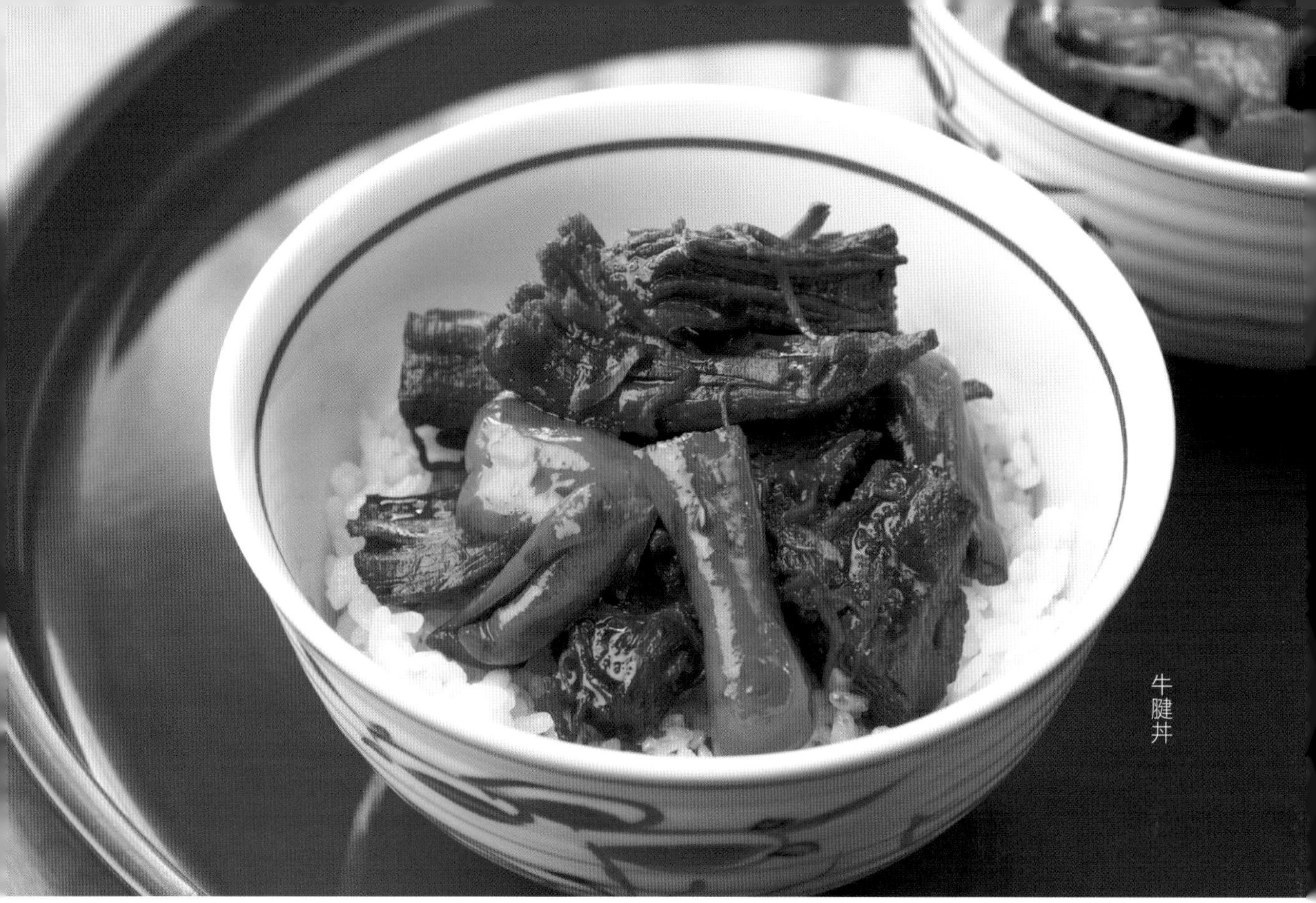

牛腱丼

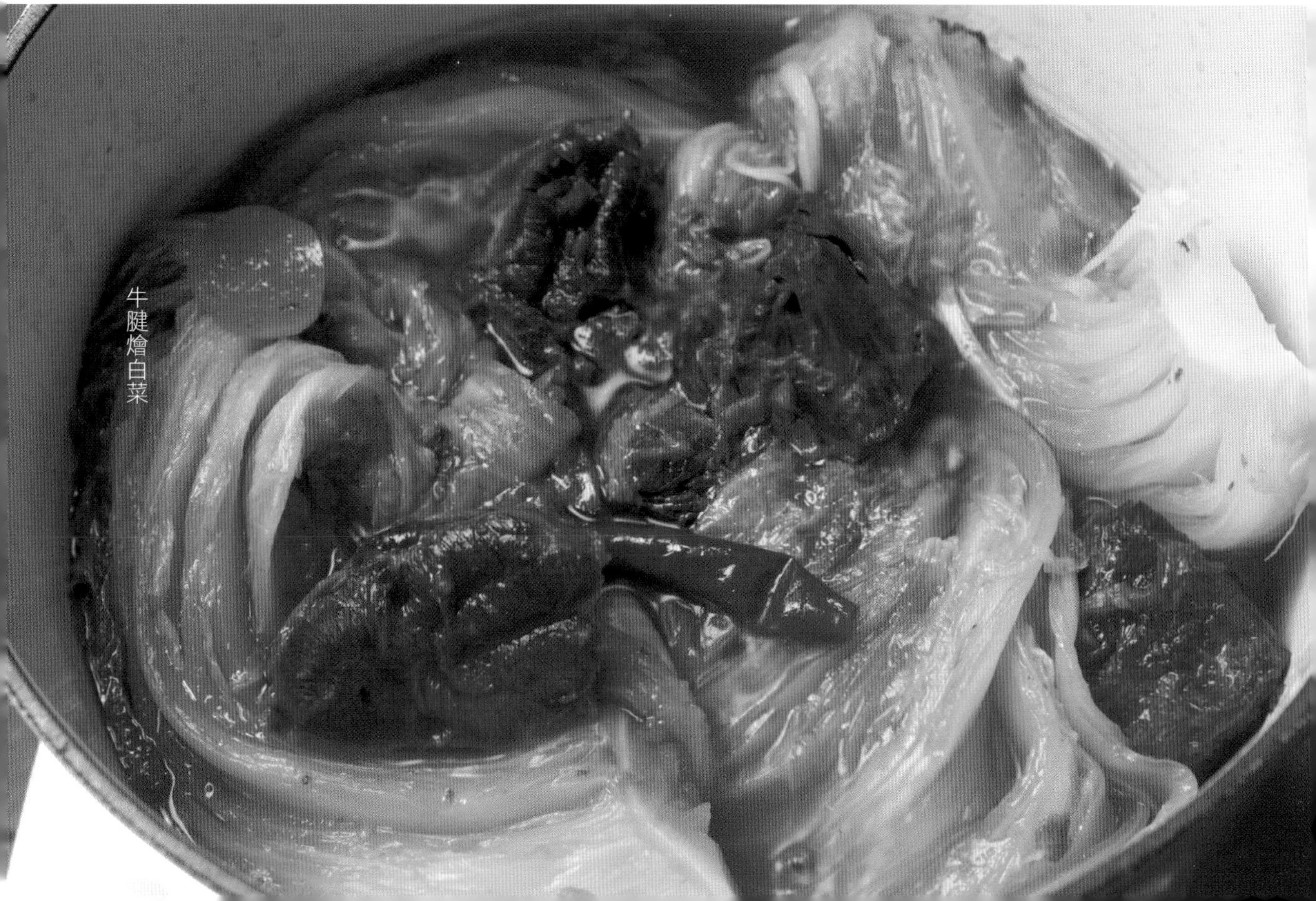

牛腱燴白菜

整年

豬肉的黑醋料理

豬肉的料理方法五花八門，不過，用黑醋燉煮可以讓豬肉快速軟化，而且滋味清爽可口。

先煮起來備用，春節時擺在疊層的食盒裡也很適合，如果把它和水煮蛋一起裝在大盤子裡，就是年輕人喜愛的一道料理。

材料（方便製作的量）

- 梅花肉塊……1.2公斤
- 水……3杯
- 長蔥（切段）……100克
- 生薑（切片）……20克
- 酒……3/4杯
- 醬油……6大匙
- 黑醋……5大匙
- 砂糖……3大匙
- 水煮蛋……4顆

作法

1 將整塊豬肉塊直接用棉線捆起來。

在鍋裡放入材料中的水和豬肉一起煮沸。將產生的浮沫撈除，放入長蔥和生薑，加入酒和醬油，蓋上蓋子用小火燉煮一個小時左右，之後加入黑醋。過程中要不時上下翻動讓滷汁均勻分佈。

2 用竹籤刺入豬肉內，如果有透明的汁水流出來就拿掉蓋子加入砂糖，放入水煮蛋，一面將滷汁淋在肉和蛋上一面繼續燉煮，煮到滷汁剩下1/3爲止。剩下的滷汁可以做爲醬汁使用。

小提醒

❖做好馬上就可以吃了。放在冰箱裡保存，三到四天要吃完。

❖一整塊肉煮好備用，可以應用在各種料理上，像是切成薄片放在拉麵裡，或是切成小丁和炒飯一起拌炒，也可以切成細絲加在冬粉沙拉裡。

把豬肉切成方便入口的薄片，把蛋對半切開，一起裝盤。這配色真是誘人食慾。

甜味噌雞肉鬆

應該很少會有人不愛吃肉鬆吧?平常先做起來備用,就是一道方便的小菜。因爲雞絞肉買了就要馬上調理,所以這也是我經常會做的備菜之一。

材料(方便製作的量)

雞胸肉絞肉……300克
酒……2大匙
砂糖……2大匙
醬油……1小匙
味噌……4大匙

作法

1 在鍋裡放入絞肉、酒、砂糖、醬油,用3~4根筷子拌勻,開偏弱的中火加熱,再混合均勻。

2 當絞肉變色、出水時,將火轉至中火讓水氣蒸發掉,加入味噌(如照片),然後再接著熬煮到變濃稠爲止。味噌最後才加可以讓風味更濃,而且吃起來口感黏稠。

3 關火,放涼。

小提醒

❖裝進保存容器裡放入冰箱可以保存約五天左右。
❖可以包生菜吃,或是搭配涼拌豆腐一起吃都很美味。

梅子肉鬆

這一款肉鬆在電視節目中介紹給大家時得到了很高的評價。適合下飯的調味也許正是它大受歡迎的秘密。

材料（方便製作的量）

豬絞肉……300克
酒……1大匙

綜合的調味料

梅子乾……2~3顆（淨重30克）
味噌……2大匙
砂糖……3大匙
酒……1大匙

作法

1 將梅子乾的籽去除，用刀子切成細末。

2 將綜合的調味料混合均勻。

3 在平底鍋中放入絞肉和酒，用3~4根筷子充份攪拌開來。開偏弱的中火翻炒（如照片）。當肉變色時轉成中火，讓水份蒸發，再加入綜合的調味料。繼續拌炒到湯汁收乾爲止。關火，放涼。

小提醒

❖裝進保存容器裡，放入冰箱保存，五天左右吃完。

❖肉完全熟透後才加調味料可以讓肉更加入味。很適合下飯，也推薦用它拌飯，做成飯糰。

田園法式凍派（terrine）

只要將材料塞進容器裡，再放入烤箱烤就行了。不論是誰都會做。

材料（8×12×4公分的凍派模型一模）

豬肉碎塊（或豬絞肉）……250克
雞胸肉……1片（150克）
煙燻火腿……100克
開心果……1大匙
月桂葉……1片
鹽……1小匙
黑胡椒粒……1小匙
百里香……少許
A 白酒……1大匙
　白蘭地……1大匙

作法

1 雞胸肉去除皮和油脂後，和豬肉一起切成丁，加入**A**、鹽、胡椒和百里香，用手充份拌勻。

2 將煙燻火腿切成1公分左右的小丁，連同開心果一起拌進肉裡。

3 將步驟**2**的材料緊緊地塞進凍派的模型裡，不留空隙，然後將表面抹平，擺上月桂葉，蓋上鋁箔紙，放入200度的烤箱裡烘烤四十到五十分鐘。用竹籤刺入，如果滲出透明的汁液就是烤好了。

4 在鋁箔紙上面放一張厚紙版，用1公斤左右的重量石壓著，直到放涼爲止。把重量石拿下來就完成了。

小提醒

❖把要吃的量分切出來，其餘的部份放回容器中放進冰箱保存。可以保存兩到三週。

❖如果沒有凍派的模型，請使用大小差不多、質材偏厚的耐熱容器。

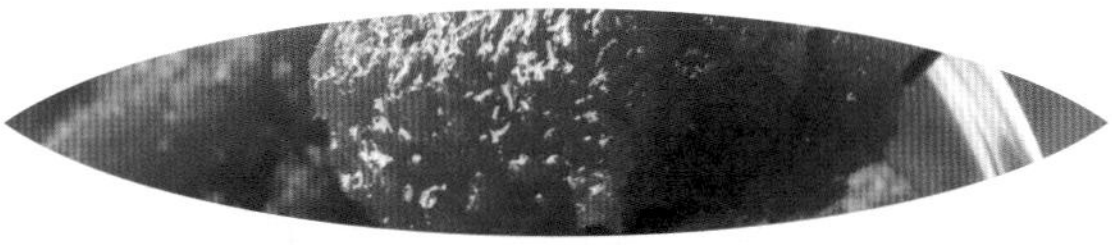

PART

4

調味料與醬汁

味噌

整年

在味噌熟成的過程中，我會不時地偷偷窺探陶甕裡的動靜。釀造味噌時等待它熟成發酵的心情，是一種暗自竊喜的樂趣。

還有，一年後香氣濃郁的成品完成時的快樂是無法用言語形容的。日本有俗語說自己的味噌最美味（註：即中文自吹自擂的意思），請細細品嚐用自己製作的味噌做出來的味噌湯，那奢侈的滋味是其它味噌都無法比擬的。

＊製作的程序要在冬天進行。

在寒冷的季節製作，讓它慢慢地低溫熟成。味噌會隨著天氣漸漸變暖而持續地發酵，經過一年的熟成，味噌的滋味會變得美味香純。

製作完成的味噌要置於沒有空調的陰涼處，存放在自然的溫度下。

＊材料是大豆、米麴和鹽這三樣。

大豆要選擇新鮮的，浸泡在水中會充份膨脹優良品項。不新鮮的大豆不好煮，很容易破，無法做成滑潤的味噌。

米麴有新鮮米麴、半生米麴和乾燥米麴。現在大多都能在超市裡買到，不過生米麴要在專賣店裡才有。這裡用的是容易取得的乾燥米麴。

大豆和米麴和鹽的標準比例是1比1比0.5。最近也有人把米麴的比例提高，不過我試過許多次後還是覺得這個比例最剛好，做出來的味噌最好吃。

材料（完成品大約是3.5公斤）

黃豆……1公斤
米麴……1公斤
鹽……500克（使用天然鹽）
＊容器要準備陶甕或是琺瑯製的甕，先用滾水消毒過。

製作味噌的訣竅是要將大豆煮到用手指可以壓破的軟度，因此，用壓力鍋煮是最適合的。我是使用適合用來煮大豆的日本產壓力鍋，鍋子較大，所以1公斤的大豆分三次煮，用小火煮兩個小時就煮好了。

沒有壓力鍋的人就使用蓋子有重量可以壓得住、材質偏厚的鍋子，用小火煮兩到三小時，煮到用手指可以輕鬆壓破的程度。

煮好的大豆要磨碎，我會用研磨機來磨。

〈前一晚的作業〉

將大豆大略清洗一番，用三倍分量的水浸泡一晚（如圖❶）。隔天早上大豆會膨脹起來（如圖❷）。

作法

1 將1公斤的大豆分三次煮。連同浸泡大豆的水一起放入壓力鍋中，放上鍋中蓋，蓋上鍋蓋，開中火加熱（如圖❶）。當重錘排氣閥跳動時轉爲小火煮十分鐘，然後關火靜置二十分鐘，用餘熱將大豆燜軟。

2 加熱的時間會因爲使用的壓力鍋不同而有差異，不過判斷火候的重點就是煮到用手指可以輕易將大豆壓破的軟度即可。若用的不是壓力鍋也可用同樣的方法判斷，煮到用手指壓得破的軟硬程度就行了（圖❷）。

3 倒在漏勺上將大豆和煮大豆的湯汁分開（如圖❸），把湯汁先預留起來。

4 趁熱將大豆放入研磨機絞碎（如圖❹）。

5 加入約一杯左右的湯汁（如圖❺）將磨好的大豆調合開來。大豆煮得越軟，加的湯汁就越少。

6 在另一個碗裡放入米麴，鹽先預留50克後再把其餘的全加進去，一面將米麴揉開一面充份混合均勻（如圖❻）。

7 把大豆和米麴倒在一起，充份拌勻（如圖❼）。

8 如果味噌較硬可以一面加入煮大豆的湯汁（如圖❽）一面拌揉，揉到比做好了的味噌稍硬一些即可。

9 將味噌揉成差不多能一手握住的球狀（如圖❾）。

10 把揉好的味噌球像撞擊甕底似地塞進甕裡（如圖❿）。緊實地一一塞滿不要留空隙。一旦有空氣進入就會從有空氣的地方開始發霉，這一點要格外留意。

11 把表面抹平，擠出空氣（如圖⓫）。將剩餘的鹽全部灑在表面。

12 用保鮮膜緊密地封住（如圖⓬），用盤子等器皿當做重量石壓在上面，再用報紙覆蓋，放在陰涼處保存。

等待六個月後進行所謂「上下顛倒」的程序，把原本在上面的味噌放到甕底，讓味噌熟成地更均勻。

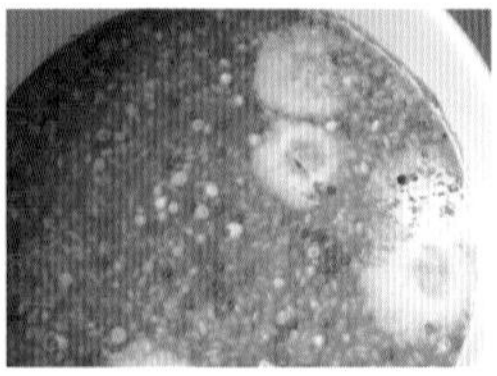

味噌的表面如果沒有確實封緊、阻絕空氣會長出霉菌。這種情況就只把發霉的部份挖掉。

〈上下顛倒（製作程序完成的六個月後）〉

準備兩個消毒好的碗，用木刮勺將陶甕裡的味噌舀出放到碗裡。接著，在舀空的甕裡把原本在上面的味噌依序塞入。這個步驟一樣要塞得嚴嚴實實的，慎防空氣進入。

再將表面抹平，然後用保鮮膜緊緊密封。

熟成一年的味噌就像第115頁的照片。完成品色澤美麗，香氣濃郁，質感潤滑。

釀造完成的味噌移到冰箱裡存放。如果還想再繼續熟成，就再放回陰涼處放置。

在以前家家戶戶都自己製作味噌的時代，若有一戶人家可以吃到熟成三年的「三年味噌」，那一定是富裕之家。

因爲貧窮人家沒有這樣寬裕的生活條件。雖然大家都知道味噌放越久越好吃，但以前那個年代和氣候、住宅環境皆異的如今相比，實在無法同日而語。

製作完成當天

三個月後

六個月後。上下顛倒

九個月後

可以發現，從製作完成那天起顏色會漸漸越變越深。

青辣椒味噌
青辣椒醬油

夏天辣呼呼的青辣椒。是很適合夏天的調味料。

【青辣椒味噌】

材料和作法（方便製作的量）

豬青辣椒……10根
芝麻油……½大匙
味噌……4大匙
味醂……2大匙
炒熟的白芝麻……½大匙

1 將青辣椒的蒂去除，切成小圈圈。

2 在平底鍋裡將芝麻油加熱，翻炒青辣椒。當辣椒與芝麻油拌炒均勻後加入味噌和味醂，再繼續拌炒一到兩分鐘，直到炒到變軟爲止，接著加入白芝麻拌勻。放涼後裝入消毒過的瓶子裡保存。

【青辣椒醬油】

材料和作法（方便製作的量）

青辣椒……10根
醬油……5大匙
味醂……1大匙

1 將青辣椒的蒂去除，切成小圈圈。

2 在消毒好的瓶子裡裝入青辣椒、味醂和醬油。

小提醒

❖兩者都要放入冰箱保存，青辣椒味噌可以保存兩個月，青辣椒醬油可以保存一個月左右。

❖愛吃辣的人可以留著辣椒籽直接使用，若想要味道溫和一些就把辣椒籽去掉。

❖編注：台灣全年幾乎都可以購買到不同品種的青辣椒，12至6月則是盛產期。日本的盛產期為7至9月。

炒洋蔥

整年

新鮮的洋蔥甘甜美味，但傷腦筋的是因爲它含水量多，所以很容易壞。這時，我建議先把它炒好，冷凍起來保存。

大量的洋蔥炒過之後體積會縮成一小撮，美味也被濃縮起來。有了它，我隨時都可以製作法式洋蔥湯（ONION GRATIN SOUP），也可以利用洋蔥的美味讓燉菜（STEW）和咖哩的風味瞬間提升。它眞是珍貴的美味元素。

不過，洋蔥要煮到這樣的程度要很有耐心。尤其新鮮的洋蔥因爲水份多，要炒到變成焦糖色要花上兩個小時左右。若是普通的洋蔥也要有花費一小時到一個半小時的心理準備。

請以製作出「苦味中帶著甘甜」的法式洋蔥湯爲目標，努力加油吧！

鍋具要選用材質較厚、水份容易蒸發的寬口淺鍋或是平底鍋。沒有大鍋的話就用兩個鍋子，煮一煮等體積變小時再把兩鍋倒成一鍋也是一個辦法。

材料（方便製作的量）

洋蔥……10顆（淨重2公斤）
沙拉油……4大匙

作法

1 將洋蔥縱切爲二，再沿著纖維切成薄片。在鍋裡將油燒熱，放入洋蔥，一開始水份會漸漸滲出來，所以要用大火翻炒（如圖❶）。

2 四十分鐘後。感覺好像炒熟了，繼續開大火翻炒，炒到水份蒸發，體積減少爲止（如圖❷）。

3 一小時後。當水份漸漸變少，顏色稍稍呈現褐色時，轉中火繼續不斷地翻炒（如圖❸）。

這個時候一定要片刻不離。我以前曾經有一次才稍稍離開一下就炒焦了，結果一個小時的努力全部都白費工了。

4 一小時四十分鐘後。當顏色略呈焦糖色時補上1大匙的水（如圖❹），將黏在鍋底的燒焦部份刮起來，往洋蔥那

一大匙的洋蔥大約是半顆的分量。

邊移。如此反覆操作幾次後繼續拌炒，炒到變成琥珀色爲止。

5 兩小時後。炒到差不多這樣的顏色就算大功告成了（如圖❺）。

小提醒

❖炒好的洋蔥移到鋪著保鮮膜的托盤上攤薄、攤平，再蓋上保鮮膜，放入冷凍庫冰起來。要使用時只切下要用的量即可。這樣做也不會動到預留的部份。

❖基本上兩到三個月左右吃完就OK了。

一開始

四十分鐘後

一小時後

一小時四十分鐘後

兩小時後

暖到身體裡的法式洋蔥湯。起司選用瑞士葛瑞爾起司（GRUYERE）刨出來的起司粉最好。

炒洋蔥的應用

法式洋蔥濃湯（onion gratin soup）

讓人驚嘆的餐廳級美味。法國人會在電影散場後的寒冷夜晚享用一碗熱呼呼的洋蔥湯。

材料與作法（兩人份）

炒好的洋蔥2大匙、水2杯、鹽2/3小匙、胡椒少許、法國麵包切成薄片4片、起司粉或是起司絲適量

1 在鍋裡放入炒好的洋蔥和材料中的水加熱，加入鹽和胡椒調味。在一旁將法國麵包烤到金黃。

2 將湯倒入深口的器皿中，擺上法國麵包，灑上大量的起司，用高溫的烤箱或是電烤箱烤到顏色呈現焦黃色為止。

醬油醃蒜頭

自古以來蒜頭就被當成是強身健體的食物。據說埃及金字塔就是每天讓工人吃一顆蒜才建造完成的。

我們家也想借助蒜的力量來渡過夏天，我都會刻意在料理時盡量地使用蒜頭。因此，每當在市面上看到新鮮的蒜頭在賣，我都買一大堆回家，把它用醬油醃起來。

醬油醃漬的蒜頭放得越久嗆辣味就越少，味道會變得越加溫潤。

不論是切成薄片用來炒菜、炒飯，或是整顆下去烤熟就著烤肉吃都很美味，醃蒜頭的醬油也可以做成涮涮鍋的醃料或拿來烤茄子，或是用來當蒸蔬菜還是水煮蔬菜的醬汁，用途十分廣泛。

材料（方便製作的量）

新鮮蒜頭……5~6顆（350克）
醬油……2又1/2杯
味醂……3/4杯

作法

1 將醬油和味醂倒入鍋中開火加熱使酒精揮發，放涼後即爲醃漬的汁液。

2 將蒜頭分成小瓣，去皮，放入陶罐或是瓶子等容器裡，倒入冷卻了的醃漬汁液。

小提醒

❖醃漬一到兩個月後就可以拿來使用了。放入冰箱保存，差不多一年要吃完。

❖編注：每年清明前後，3至4月是蒜頭最佳採收季節。日本的盛產期約為6至7月。

醃可以吃上一年的量。

醬油醃蒜頭的應用

蒜片炒飯

不放肉也可以讓人吃得津津有味。

材料與作法（兩人份）

白飯300克、醬油醃蒜頭2瓣、蒜頭醬油1大匙、蛋1顆、長蔥½根、沙拉油3小匙、鹽和胡椒各少許

1 將蒜頭切成薄片、長蔥切成蔥花。

2 將蛋打散，灑入鹽和胡椒。炒鍋裡放入1小匙的沙拉油加熱，接著將蛋液倒入炒熟，盛起。

3 同樣的炒鍋裡倒入2小匙的沙拉油加熱，放入蔥花大略拌炒一下，再加入蒜片和白飯翻炒，將炒蛋倒回鍋中，淋一圈蒜頭醬油後拌炒均勻，再加入鹽和胡椒調味。

3~4月

味噌醃蒜頭

我有一次吃到信州的特產味噌醃蒜頭。用甜味噌醃漬的蒜頭十分入味可以直接吃，口感咔嗞咔嗞地很是美味。

據說，當地女性到了一定年紀也像前面提到的金字塔工人一樣每天吃一顆味噌醃蒜頭以渡過酷熱的夏天。

味噌醃蒜頭最大的優點就是可以不經烹調，直接拿來咬著吃。因爲覺得「這點眞是不錯」，所以今年我也立刻動手製作。

醃蒜頭的味噌也沾附了蒜頭的香氣，可以用來當做是炒豬肉、炒青椒或炒洋蔥時的調味料。

材料（方便製作的量）

新鮮蒜頭……200克
味噌……300克
味醂……1/2杯
砂糖……6～8大匙

作法

1 味噌、味醂和砂糖放入鍋裡拌勻，開小火邊煮邊攪，讓味醂的酒精揮發。
2 等放涼之後，將剝好皮的蒜頭放入醃漬。

小提醒

❖醃漬半年以後就可以直接生吃了。放冰箱冷藏可長期保存，一年左右吃完。

可以有效預防夏日倦怠、增進食慾的小菜。

味噌醃蒜頭的應用

蔥炒味噌蒜頭豬

充份發揮味噌醃蒜頭的美好滋味，完全不需要調味的一道小菜。

材料與作法（四人份）

1 將200克的豬里肌肉切成一口大小，將1根細蔥斜切成小段，將2瓣味噌醃蒜頭切成薄片。
2 在煎鍋裡倒入1大匙的沙拉油並放入蒜片，開小火加熱，當香氣冒出來時轉成中火並放入豬肉拌炒，當豬肉表面略帶焦黃色澤時加入長蔥白色的部份，拌炒一下後再加入長蔥綠色的部份，最後再加入2大匙蒜味味噌，然後翻炒均勻，讓所有食材都沾附到調味。

整年

番茄泥

如果能夠以實惠的價格買到自然環境下成熟的番茄，那就是製作番茄泥的大好機會。只要切塊熬煮就完成了，但出來的味道卻芳香甘甜，這一刻才教人恍然大悟，原來日本國產的番茄竟是如此美味。和義大利生產的番茄相比，日本生產的番茄甜度和酸度較強，味道較濃郁，用它來製作義大利麵，比用當地的番茄做的更美味……，就連義大利的大廚也曾這麼說過。

有了番茄泥，做義大利麵就不用說了，即便是奶油嫩煎雞肉、海鮮番茄湯等料理都能快速完成，還能製作好吃的自製番茄醬。就像製作果醬時那樣把所有的空瓶子都翻出來，把做好的番茄泥都儲備起來吧！

選擇番茄的條件是要完全成熟的番茄，所以如果番茄還沒變紅，請放在常溫下兩到三天，等它完全變紅了再來烹調。平常直接拿來生吃的番茄也一樣，買回來不要馬上放進冰箱，等到要吃的時候再拿去冰個三十分鐘左右，這樣做番茄會更加美味。

煮番茄的鍋子要選用耐酸的琺瑯材質或不鏽鋼材質的厚鍋。

材料（完成品為1公升）

— 完全成熟的番茄……2公斤

作法

1 將番茄的蒂頭切除，切成3公分的塊狀後放入鍋裡，開中火加熱一小時左右，熬煮到份量剩下原本的一半（如圖❶）。

2 放涼後倒在下面有碗接著的漏勺上過濾（如圖❷）。用木刮勺或是湯勺的背面擠壓漏勺上的番茄，直到剩下番茄的皮和籽爲止（如圖❸）。用可以過濾的器具也可以。

3 將濾好的番茄再放回鍋中，開小火熬煮。

4 繼續熬煮到湯汁變得濃稠爲止，濃稠的程度可自行斟酌，過程中要小心別燒焦了。（如圖❹）

小提醒

❖趁熱裝進消毒好的瓶子裡，把瓶子平平地裝到滿（如右頁的照片。填裝的方法請參考第60頁），然後蓋上蓋子，把瓶子倒扣放置，直到放涼為止。

❖放冰箱可保存一個月。不過開封之後要在一週內吃完。

❖編注：台灣全年幾乎都可以購買到不同品種的番茄。日本的盛產期為8月。

番茄醬

番茄泥繼續熬煮，再加入香料就成了番茄醬。

材料與作法（完成品500毫升）

一番茄泥……1公升

A

蒜泥……少許
洋蔥泥……20克
丁香……2根
紅辣椒（去籽）……1根
鹽……1大匙
醋……3大匙
砂糖……4大匙

1 將番茄泥倒入鍋中，開中火熬煮直到分量剩下原來的一半爲止。煮到剩一半的量時把材料**A**加入（如左側照片），繼續熬煮十分鐘左右。

2 放涼後把丁香和紅辣椒取出，再加熱滾一下。

小提醒

❖和番茄泥一樣要趁熱裝進瓶子裡，以密封的狀態保存。放冰箱可以保存一個月。開封之後一個禮拜左右吃完。我推薦搭配蛋包飯最能體現它原始的美味。

茄汁義大利麵

品嚐番茄泥的原味

材料與作法（一人份）

義大利麵……80克
番茄泥……½杯
蒜頭（壓碎）……1瓣
紅辣椒（去籽）……1根
橄欖油……1大匙
鹽……¼小匙
胡椒……少許
洋香菜……適量

水煮義大利麵，等待義大利麵煮熟的時間在一旁的平底鍋裡放入橄欖油、蒜頭以及紅辣椒，開小火慢慢拌炒，待香氣冒出來時開中火並加入番茄泥製作義大利麵的醬汁。將煮好的義大利麵拌入，用煮麵的湯汁來調整濃度，加入鹽和胡椒調味，將洋香菜切絲，灑上。

茄汁小墨魚

用新鮮的小墨魚做的，請一定要嚐一嚐。

材料與作法（一人份）

小墨魚……3～4尾
番茄泥……1杯
蒜頭（壓碎）……1瓣
紅辣椒（去籽）……1根
橄欖油……1大匙
鹽……¼小匙
胡椒、羅勒葉……各少許

1 將小墨魚的內臟清除乾淨，剝皮，切成方便入口的大小。

2 在平底鍋裡放入橄欖油、蒜頭、紅辣椒，開小火慢慢炒出香氣，接著開中火加入墨魚大略翻炒一下，再加入番茄泥拌勻，加入鹽和胡椒調味，最後將羅勒葉撕碎，加入。

羅勒青醬

5～10月

羅勒是香草中的人氣王，好像有很多人都在種植羅勒。如果採收的量很多，就做成青醬保存起來吧！

只要把材料全部放入食物處理機裡攪碎就行了。每次加一些，分成幾次慢慢放入攪碎。

材料（方便製作的量）

羅勒……150克（淨重）
蒜頭……2瓣（20克）
松子（炒過）……2大匙（20克）
橄欖油……$2/3$～$3/4$杯

作法

1 將羅勒洗乾淨，把花、穗和細梗摘除。倒在漏勺上，將水氣完全瀝乾。

2 在食物處理機裡放入蒜頭和松子輕輕攪碎，接著將羅勒分兩到三次慢慢加入，攪成細細的糊狀（如左側照片）。將一半份量的橄欖油分兩到三次加入，使之變得柔滑。

3 移到碗裡，把剩餘的橄欖油一點一點慢慢加入並混合均勻，直到變成柔滑的糊狀爲止（如下方照片）。

小提醒

❖裝進用滾水消毒過的保存容器裡，倒入橄欖油，讓表面形成一層薄膜以防止氧化變色。放入冰箱可保存兩個禮拜。在表面一直都有橄欖油覆蓋的狀態下保存。

❖如果裝入夾鏈袋裡分小包冷凍起來，不但取用時方便，也可以保存一個月。

❖編注：亞洲羅勒品種很多，台灣人常用的多為九層塔，5至10月為盛產期。日本的盛產期約為8月。

油漬鯷魚

新鮮的鯷魚透過鹽和時間的力量，變身成為美味的調味料。

材料（方便製作的量）

日本鯷魚……800克（去除頭部和內臟後淨重500克）
粗鹽……100克（鯷魚淨重的20％）
月桂葉……1片
橄欖油……適量

作法

1 將新鮮的日本鯷魚大略清洗一下，放在漏勺上瀝乾水份。

2 將鯷魚的魚鱗、頭部和內臟去除，浸泡在5%的鹽水裡（在1又1/2杯的水裡加入1大匙的鹽）十至二十分鐘。

3 將浸泡在鹽水裡的鯷魚倒在漏勺上瀝乾水份，用紙巾擦乾，然後緊密地並列排放在較厚的容器裡，接著灑上粗鹽將鯷魚掩蓋起來。然後再排上一層鯷魚，接著再灑粗鹽蓋住，如此反覆進行。越靠上面的部份鹽要灑得越多。完成後蓋上蓋子，置入冰箱存放約兩個月左右。

4 將用鹽醃漬的鯷魚（如左側照片）用水沖洗，用手剝開魚身將魚骨剔除。仔細清洗乾淨放在漏勺上瀝乾，再用紙巾擦乾，然後疊放在保存容器裡，擺上月桂葉，倒入橄欖油，直到沒過材料為止（如下方照片）。

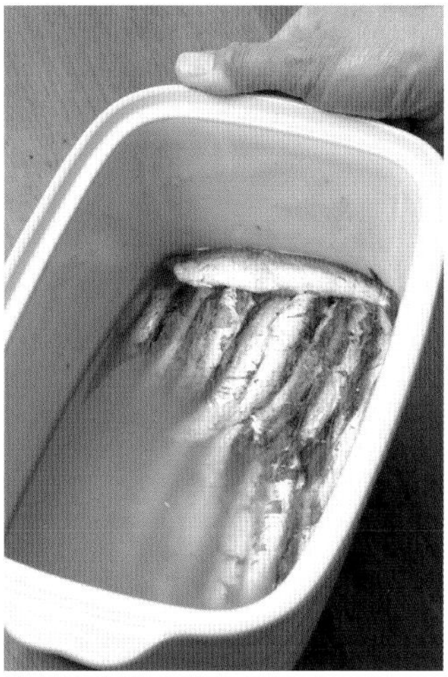

小提醒

❖放冰箱保存，兩個月以內吃完。

❖加在義大利麵、披薩、熱湯等料理中可以起到提味增鮮的效果。在義大利會把浸漬鯷魚用的橄欖油當成調味料運用在各式各樣的料理中。

❖編注：台灣常的鯷魚屬於乾貨，全年在超市均可購買。

運用橄欖油和鹽的力量以達到長期保存的效果。

10～3月

冬橙胡椒果醋醬油

說到日本的柚子胡椒大多都是使用綠色的香橙（日文中的柚子卽爲香橙或稱羅漢橙）製作而成，不過用冬天的黃色香橙來製作也很美味。比起綠色的香橙，黃色香橙的價格更爲實惠，所以可以大量使用，我覺得不論是味道的合諧度還是香氣都很優秀。

冬橙胡椒使用的是香橙的皮，而香橙的果肉就拿來榨汁做爲果醋醬油吧！盡情享受自己製作的，獨一無二的柔和酸香。

【冬橙胡椒】

材料（完成品130克）

青辣椒（帶蒂頭）……100克
（淨重70克）
香橙皮……4～5顆的量
粗鹽……21克（青辣椒淨重的30％）

作法

1 將青辣椒的蒂頭去除，清洗乾淨，瀝乾水份，對半切開。用湯匙將辣椒籽刮除，切成細末。

2 香橙仔細清洗乾淨，將橙皮刨下來備用。事先備好與步驟1的青辣椒淨重相等的量。

3 將步驟1的青辣椒放入研磨鉢裡搗碎，直到變成泥狀。加入粗鹽後再加以混合，當鹽拌勻時加入步驟2的香橙皮攪勻（如下方照片）。裝入煮沸消毒的瓶子裡蓋上蓋子，置於冰箱內一至二週使之熟成。

小提醒

❖放冰箱可以保存六個月。
❖若家裡有香料專用的小型研磨鉢，用起來會更稱手。
❖若在處理青辣椒時戴上塑膠手套可以防止沾染到手部。
❖若在夏天先將青辣椒泥用鹽醃漬好，到冬天再加入香橙皮也可以。
❖冬橙胡椒除了可以如右頁照片那樣搭配鹽烤雞肉之外，搭配鹽烤魚也很對味。將鹽烤料理的鹽份減量，搭配冬橙胡椒一起吃味道剛剛好。此外，也可以將它應用在燉煮料理或調料中，體驗又香又辣的美好滋味。
❖編注：台灣的柑橘類盛產時間大約從秋末10月開始，一直到隔年初春3月。

【果醋醬油】

材料（完成品130克）

香橙汁……4～5顆的量
（100毫升）
醬油……100毫升
砂糖……1/2大匙

作法

1 將材料混合均勻就完成了。

小提醒

❖放冰箱保存，一個月吃完。
❖香橙汁和醬油的比例是1:1。加了砂糖可以讓酸味變得柔和。

整年

XO醬

只要加一匙XO醬就可以讓簡單的炒菜美味數倍，請大家一定要試做看看。

以前有一次在香港的飯店用餐，當時桌上擺了做爲調味料的XO醬。我試著用它搭配蒸好的大蝦一起吃，吃起來層次豐富，美味無比。這就是我與XO醬的邂逅。

後來XO醬開始被當成高級的調味料在市面上販售，我嚐試了很多品項，但市面上販售的味道總覺得差了那麼一點。

這裡介紹的食譜是我爲了重現當年滋味，請教中國料理主廚並自己試做、研究出來的。

材料（方便製作的量）

干貝乾（碎的也可以）……100克
蝦乾……50克
蒜頭（切成末）……20克
紅蔥頭（切成末）……40克
泡發干貝乾和蝦乾的水……1又1/4杯
沙拉油……1杯
辣油……2大匙
芝麻油……2大匙
豆瓣醬……1大匙
砂糖……1大匙
鹽……1/2小匙
胡椒……1/2小匙

作法

1 干貝乾和蝦乾在水裡浸一個晚上泡發，浸泡完的水預留下來（如圖❶）。

2 將泡發的干貝和蝦放入食物處理機中絞碎（如圖❷）。

3 在鍋裡倒入3/4杯的沙拉油，放入蒜末，開小火翻炒（如圖❸）。

4 香氣出來後加入紅蔥頭，再接著拌炒（如圖❹）。

5 加入絞碎的干貝和蝦拌炒（如圖❺）。

6 將浸泡干貝和蝦的水慢慢分幾次加入（如圖❻），然後蓋上蓋子開小火煮三十分鐘左右。

7 拿掉蓋子，轉小火繼續翻炒，讓水份蒸發（如圖❼）。

8 把剩餘的油、辣油和豆瓣醬加入（如圖❽），加入砂糖、鹽和胡椒煮五到六分鐘，最後加上芝麻油就完成了。

小提醒

❖做好後馬上就可以使用。放冰箱可以保存一個月。

❖食用方法就直接當調味料搭配水餃或蒸菜吃就行了。如果用XO醬來炒菜，它會是最頂極的調味料，炒出來的菜餚就算不放肉類或魚類也一樣美味。

❖干貝乾在中式食材店裡可以買到，使用特價的碎干貝乾來製作也無妨。

XO醬的應用

頂極炒飯

材料與作法（兩人份）

白飯300克、長蔥一根切成蔥花、XO醬1大匙、沙拉油2小匙、醬油1大匙、鹽和胡各少許

在炒鍋裡將油加熱，放入蔥花翻炒，再放入溫熱的白飯拌炒，加入XO醬拌炒均勻，沿著鍋邊淋上一圈醬油，試一下味道，用鹽和胡椒調味。

ＸＯ醬炒豬肉冬粉

冬粉吸附了ＸＯ醬的美味，讓簡單的一道炒菜味道變得如此不凡。

材料（四人份）

冬粉……50克
豬絞肉……150克
豆芽菜……½袋
青椒……1顆
紅色甜椒……¼顆
蒜末……1小匙
薑末……1小匙
長蔥末……½根的量
鹽……少許
沙拉油……1大匙
ＸＯ醬……2大匙

A
醬油……1大匙
鹽……½小匙
酒……1大匙

作法

1 將冬粉用熱水泡開，變透明後倒在漏勺上瀝乾，切成方便入口的長度。在絞肉上灑鹽，調味。
將豆芽菜的鬚根挑掉，將青椒和甜椒切成絲。

2 在平底鍋裡把油燒熱，放入ＸＯ醬、蒜末和薑末，開小火慢慢翻炒，接著開中火再把絞肉放入，繼續拌炒到絞肉變色爲止。

3 加入青椒、甜椒和豆芽菜大略拌炒一下，再放入冬粉翻炒，將材料**A**的調味料沿鍋邊淋一圈，加入長蔥，將全部的食材大致拌炒均勻。

Original Japanese edition published by Ie-No-Hikari Association

This Traditional Chinese edition published by arrangement with Ie-No-Hikari Association, Tokyo, through HonnoKizuna, Inc., Tokyo, and Keio Cultural Enterprise Co., Ltd.

食物漬

果醬、果酒、泡菜、醃漬物、味噌，99 款天然食物保存方法

保存食と作りおきベストレシピ (ジャム・果実酒・ピクルス・漬け物・みそ)

作　　者：石原洋子
攝　　影：山本明義
主　　編：黃佳燕
封面設計：謝佳穎
內頁編排：王氏研創藝術有限公司
印　　務：江域平、黃禮賢、林文義、李孟儒

出版總監：林麗文
副 總 編：梁淑玲、黃佳燕
主　　編：賴秉薇、高佩琳
行銷企畫：林彥伶、朱妍靜

社　　長：郭重興
發行人兼出版總監：曾大福
出　　版：幸福文化／遠足文化事業股份有限公司
地　　址：231 新北市新店區民權路 108-1 號 8 樓
網　　址：https://www.facebook.com/happinessbookrep/
電　　話：(02) 2218-1417
傳　　真：(02) 2218-8057
發　　行：遠足文化事業股份有限公司
地　　址：231 新北市新店區民權路 108-2 號 9 樓
電　　話：(02) 2218-1417
傳　　真：(02) 2218-1142
電　　郵：service@bookrep.com.tw
郵撥帳號：19504465
客服電話：0800-221-029
網　　址：www.bookrep.com.tw

法律顧問：華洋法律事務所　蘇文生律師
印　　刷：呈靖彩藝有限公司
初版一刷：2022 年 03 月
初版二刷：2022 年 05 月
定　　價：399 元

國家圖書館出版品預行編目資料

食物漬 / 石原洋子著 . -- 初版 . -- 新北市 : 幸福文化出版社出版 : 遠足文化事業股份有限公司發行 , 2022.03

ISBN 978-626-7046-46-3(平裝)
1.CST: 食譜 2.CST: 食物酸漬 3.CST: 食物鹽漬

427.75　　111001603

幸福
文化